監修者—佐藤次高／木村靖二／岸本美緒

［カバー表写真］
巡洋艦ハミディーエ
（C.コラルデュルク画）

［カバー裏写真］
18世紀のカリヨン軍艦
（ワルシャワ大学図書館所蔵）

［扉写真］
祝祭パレードの軍艦模型

世界史リブレット79

オスマン帝国の近代と海軍

Komatsu Kaori
小松香織

目次

オスマン帝国の歴史と海軍

オスマン帝国の近代像を描き出そうとするとき、「イスラームと近代化」「ナショナリズム」「経済的植民地化」という三つの問題を避けて通ることはできないだろう。これらは当時のオスマン帝国の政治家や知識人たちが向き合わざるをえなかった課題であると同時に、トルコ共和国をはじめ、かつて帝国の一部であった中東諸国にとっても、今なお完全に解決したとはいえない問題なのである。

本書では、この三つの問題を縦糸に、横糸には海軍を配して、オスマン帝国の一つの近代像を織り上げてみたい。ここで「なぜ海軍なのか」と不思議に思う読者もおられるだろう。たしかにオスマン近代史において海軍は影の薄い存在である。しかし、帝国の全盛期である十六世紀には、地中海の覇者として君臨したこともあった。その栄光の海軍がたどった衰退の道は、まさにオスマン帝国の近代史の縮図のようにもみえるのである。これから、近代オスマン海軍をさまざまな角度からながめていくことにするのだが、その前に、オスマン海軍の歴史を簡単に振り返ってみよう。

一五三三年、地中海の大海賊バルバロス・ハイレッディン▲は、スレイマン大帝▲の招きに応じ、配下のガレー船を従えてイスタンブルを訪れ、そのままオスマン帝国に帰順した。ヨーロッパ人をして「壮麗なる者」といわしめたこの偉大なスルタンは、かねてよりバルバロスの力量を高く評価しており、ただちに彼を海軍の最高司令官「カプダン・パシャ（大提督）」に任命した。ハンガリーを征服しウィーンにまで迫ったスレイマンが、ついに最強の艦隊を手にいれたのである。それは、アジア大陸の内奥から生まれ出た騎馬民族の雄が、地中海の覇者となることを約束する歴史的瞬間であった。

そして五年後、プレヴェザの海戦の大勝利によりそれは現実のものとなる。一五三八年、提督アンドレア・ドリアの率いるスペイン、ポルトガル、ヴェネ

▼バルバロス・ハイレッディン・パシャ（一四六六／八三？〜一五四六）ミディッリ（レスボス）島の生まれ。兄弟で地中海の海賊の頭領として勇名をとどろかせた。のちスレイマンに仕え数々の戦功をあげた。キリスト教徒から「バルバロス（赤ひげ）」の名で恐れられた。

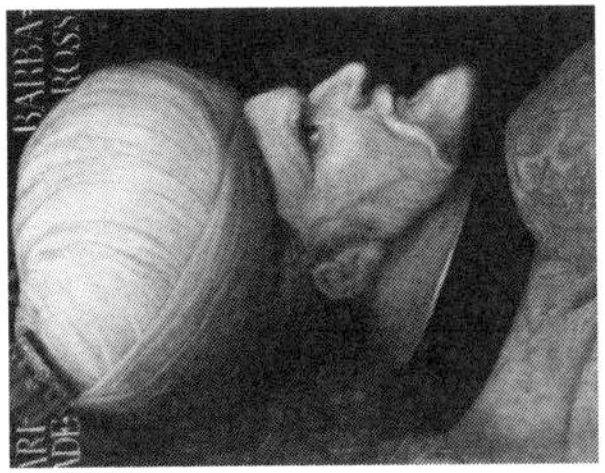

▼スレイマン一世（大帝）（一四九四〜一五六六、在位一五二〇〜六六）オスマン帝国第一〇代スルタン。四六年の長きにわたり帝国の最盛期を創出した。ウィーンを包囲するなどヨーロッパの歴史にも多大の影響をおよぼした。内政では「立法者」と呼ばれ、その治世は理想の時代といわれた。

ツィア、マルタ、フィレンツェ、ローマ教皇のカトリック勢力連合艦隊と、バルバロス率いるオスマン艦隊とが、イオニア海のプレヴェザ沖で激突する。敵は数倍の艦船、兵力を擁していたが、結果はオスマン側の大勝利に終わった。地中海の制海権はオスマン海軍の手に握られることになったのである。

スレイマンの治世において、地中海はまちがいなく「オスマンの海」であった。この時代、バルバロスを筆頭に、オスマン海軍はトゥルグート・レイス▲、ピヤーレ・パシャ▲といった錚々(そうそう)たる提督たちを輩出した。そのなかでも特筆すべきはピリー・レイス▲である。彼は、航海術のみならず、西欧諸言語、天文学、地理学、数学などにつうじ、名著『海洋の書』▲を残した。また、ピリー・レイスのつくった世界地図は、原図とされるコロンブスの地図が失われた今では、新大陸の記された現存する最古のものといわれている。

オスマン海軍の艦船は、イスタンブルの金角湾や帝国各地にあったテルサーネ(造船所)で建造された。木材など必要な資材はすべて広大な帝国領内から調達することができ、絶頂期にあった国家財政がそれを支えた。短期間に多くの艦船を艦隊に供給するという点において、西欧諸国の追随を許さず、人材にも

▼**トゥルグート・レイス**(一四八五〜一五六五)　地中海の海賊あがりの提督。オスマン海軍に加わり、その勇猛さでキリスト教徒に恐れられた。スレイマンからリビアのトリポリの総督に任じられたが、マルタで戦死。

▼**ピヤーレ・パシャ**(?〜一五七八)　クロアチア出身。小姓から出世し海軍提督となる。数々の戦功により第二宰相にまで登りつめた。

▼**ピリー・レイス**(一四七〇?〜一五五四)　海軍提督としてインド洋に進出してきたポルトガル勢力と戦った。戦歴よりも高い学識が評価されている。

▼**『海洋の書』**　ピリー・レイスが著し、スレイマン大帝に献呈した大著(一五二一、二六年)。七つの海を紹介した航海の手引書。とくにエーゲ海、地中海の詳細な海図、地理・歴史にかんする叙述は史料的価値が高い。

事欠かなかった。F・ブローデルは『地中海』のなかで、ムスリム(イスラーム教徒)が地中海を制圧した結果、キリスト教国側から「海の冒険者たち、つまり最強の者に雇われる用意のできている背教者の大群」がオスマン艦隊に向かったといっている。当時のオスマン海軍は、こうした地中海世界全域から集まった有能な人材に支えられていたのである。

十六世紀なかごろに栄光の頂点を極めたオスマン海軍であったが、その性格は、こうした事情からかなり非イスラーム的なものであった。陸軍の場合、常備軍の中核をなしたイェニチェリなどのカプ・クル軍団は、バルカンのキリスト教徒から徴発されたデウシルメ出身者から成っていたものの、彼らは少年期に改宗させられ英才教育を受けたため、模範的なムスリム・エリートの集団であった。陸軍のもう一つの柱であり、建国以来二世紀にわたり軍団の主力であったスィパーヒ軍団は、遊牧騎馬民族の性格を色濃く残していた。

これらにたいして海軍は、はじめからトルコ的な伝統とは無縁であった。そもそも海事は内陸アジア出自のトルコ民族の得意とするところではなかったからである。アナトリアに進出し海と接するようになったあとも、はじめは自前

▼イェニチェリ　オスマン軍の中核をなす常備兵。コンスタンティノープルの征服やウィーン包囲などで活躍し、ヨーロッパの人びとに恐れられた。十七世紀以降はしだいに戦力としての質が低下し、対外戦役で敗北をかさねるようになった。国内では待遇への不満などからたびたび反乱を起こすなど無頼化した。

▼カプ・クル軍団　オスマン帝国の常備軍団。「カプ・クル」とはスルタンの奴隷を意味する。その中心となるのがイェニチェリ軍団。

▼デウシルメ　バルカンのキリスト教徒の少年を徴発し、ムスリムに改宗させて英才教育をほどこし、イェニチェリ軍団などに編入する人材供給制度。高級官僚なども この制度の出身者が多く、大宰相などの高官を輩出した。

▼スィパーヒ　トルコ系在郷騎士。封土(ティマール地)を与えられ、その見返りに軍事奉仕をおこなった。火器が発達し、イェニチェリ軍団が戦闘の主力となるに従い、没落していった。

●—プレヴェザの海戦

●—ピリー・レイスの世界地図(『海洋の書』より)

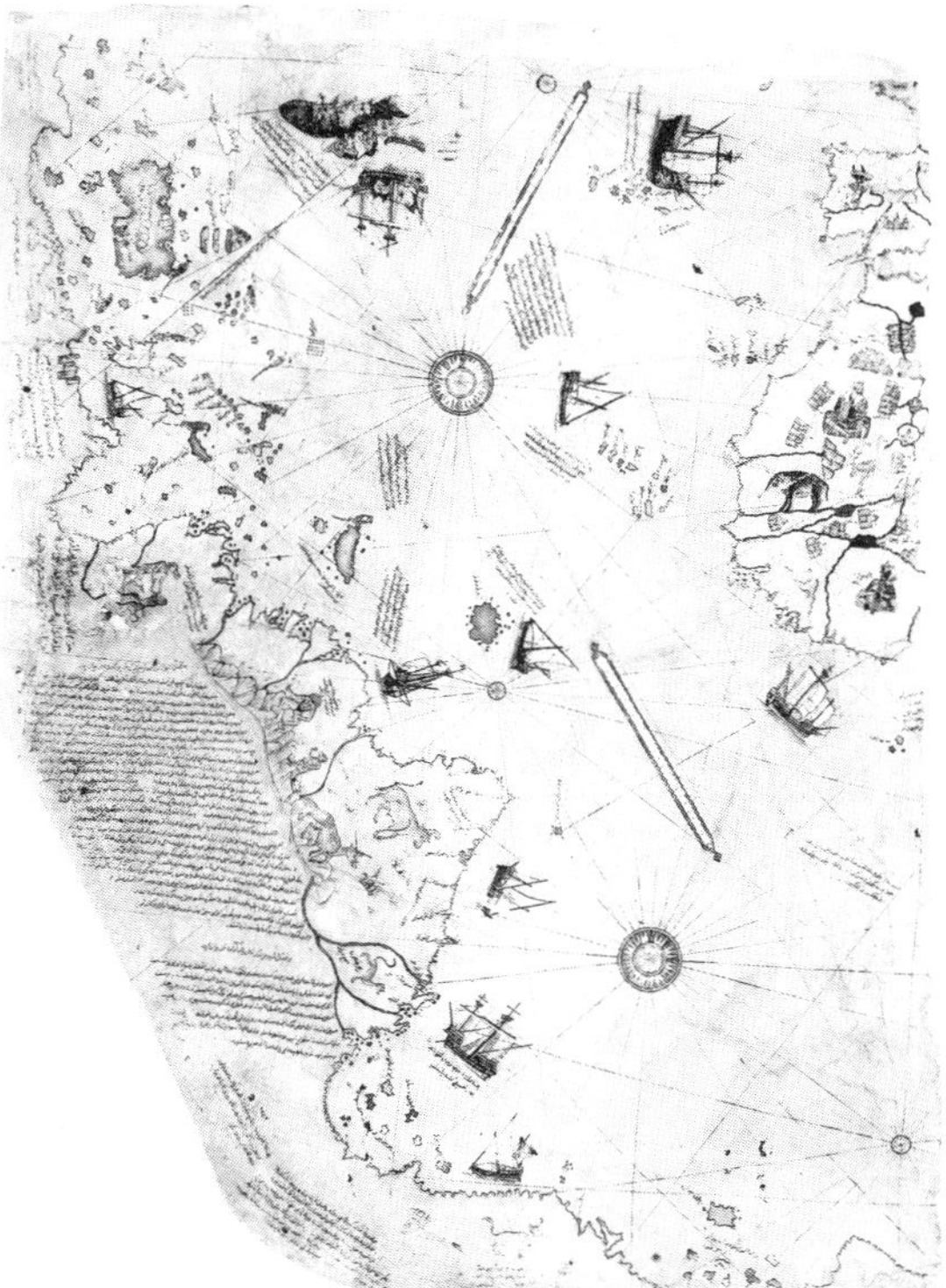

イェニチェリ

の海軍をもたず、土着の海賊やヴェネツィアと対立するジェノヴァ人などの力に頼っていた。地中海の覇権も、前述の大海賊バルバロスを提督に抜擢することで達成した。すなわちオスマン海軍とは、ムスリム・非ムスリムを問わず適材適所に人材を配置した極めて合理的な組織であったと考えられる。しかし皮肉にも、これから述べるように、こうした海軍のコスモポリタンな性格が、オスマン帝国の近代史のなかでさまざまな問題を呼び起こすことになるのである。

①―オスマン近代史の三つの課題

イスラームと近代化

非西欧世界における「近代化」は往々にして「西欧化」と同じ意味をもつ。それゆえに、イスラーム世界にとって近代化とは、通常の伝統社会にみられる以上の抵抗感をともなうものであった。十字軍以来、ヨーロッパ・キリスト教世界とイスラーム世界とは絶えず対立関係にあったかのようなイメージは、もはや払拭されつつあるとはいえ、両者が幾度も軍事的衝突を経験したことは事実である。また、たとえ相互に良好な関係を保っていた時期のほうが長かったとしても、イスラーム側についていうならば、自らの文化の優越性を信じ、異教徒から積極的になにかを学びとろうとしたとはいいがたい。しかし、十七世紀から十八世紀にかけて西欧との力関係は逆転し、イスラーム世界の軍事的敗北が始まる。やがて十九世紀には、東南アジア、インド、中央アジア、そして中東・アフリカにおよぶ広範な地域で、ムスリムたちは帝国主義列強の脅威にさらされ、実際に多くはその植民地支配下におかれた。

オスマン帝国においても、第二次ウィーン包囲▲(一六八三年)失敗とカルロヴィッツ条約▲(一六九九年)締結を契機として、徐々に西欧化を視野にいれた改革の時代へとはいっていくことになる。はじめそれはチューリップ時代▲に象徴される西洋趣味の流行としてあらわれた。その後も十八世紀末までは、西欧化はもっぱら洋式砲術の導入のような軍事部門に集中した。なぜなら、イェニチェリの腐敗に象徴される伝統的な軍事組織の弱体化は、敗戦、ひいては領土の喪失に直結したがゆえに、改革の必要性をもっとも切実に感じさせる領域だったからである。ところが、こうした軍事面に偏った、なおかつ、決して抜本的とはいえない動きでさえ、頑迷な伝統主義者たちには気にいらなかった。開明的なスルタンによって進められた改革は、代替わりによって中断し、いずれも短命に終わっている。

十九世紀にはいると、オスマン帝国を取り巻く環境はますます厳しいものとなってきた。バルカンで、アラブ地域で、つぎつぎに反乱の火の手があがり、ロシア、オーストリアに加えて西欧列強もオスマン帝国の領土への関心を強めつつあった。こうした内憂外患を前に、体制は老朽化し、もはや抜本的な改革

▼第二次ウィーン包囲　一六八三年大宰相カラ・ムスタファ・パシャは自ら軍を指揮してウィーンを包囲するが、オーストリア、ポーランド両軍の抵抗の前に敗北、責任を問われて処刑された。以後オスマン帝国は中欧からの後退をよぎなくされる。

▼カルロヴィッツ条約　一六九九年オスマン帝国がオーストリア、ポーランド、ヴェネツィアと結んだ講和条約。ハンガリーをオーストリアに、ウクライナをポーランドに、モレアをヴェネツィアに割譲したことで、はじめての大幅な領土喪失となった。この衝撃で改革の必要性に目覚めたともいわれる。

▼チューリップ時代　アフメト三世(在位一七〇三〜三〇)の治世の代名詞。この時代、イスタンブルの上流社会にフランスからロココ文化が流入し、享楽的な耽美主義の文化が栄えた。チューリップの栽培が流行したため後世この名がつけられた。

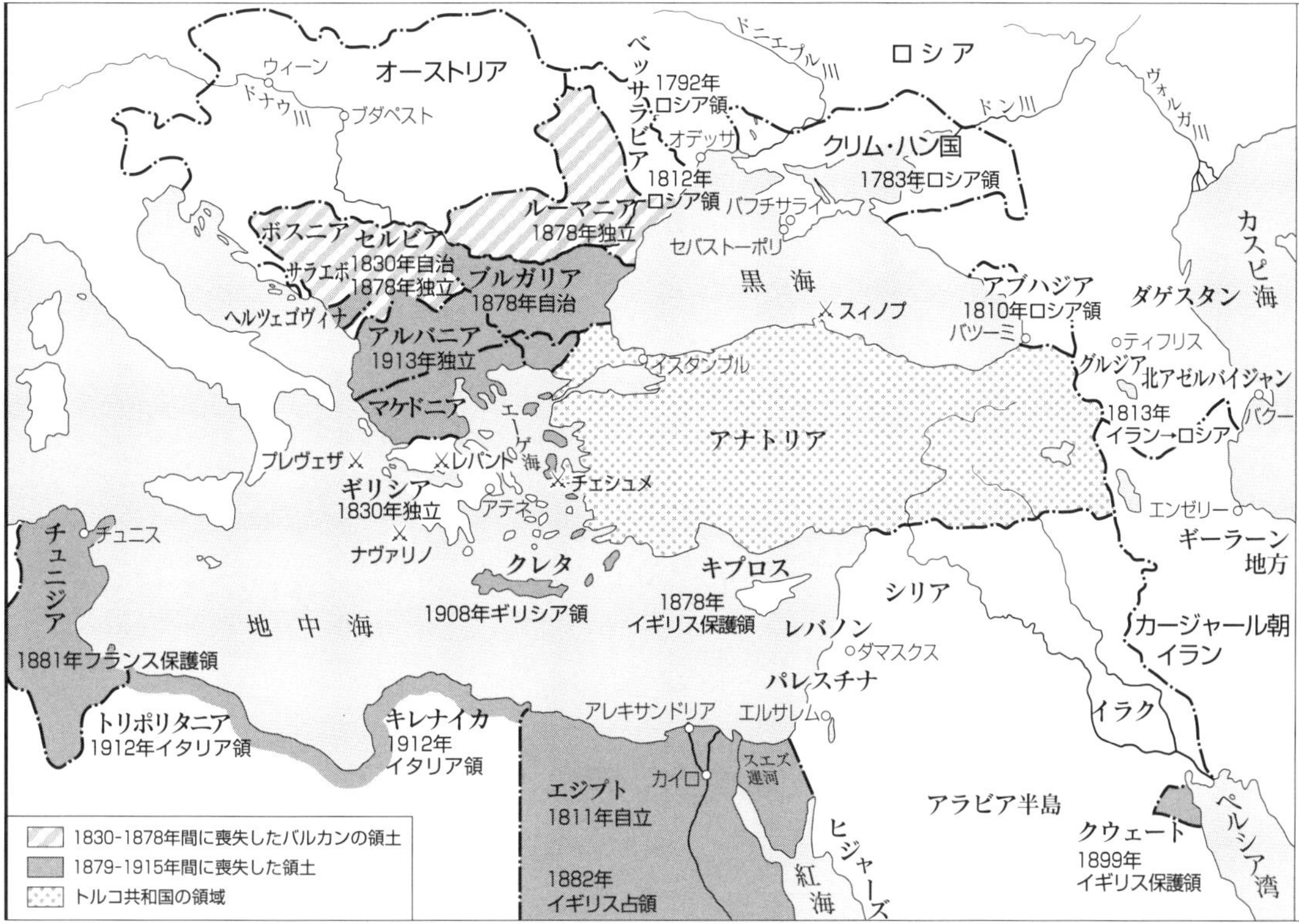
オーストリア
ウィーン
ドナウ川
ブダペスト
ロシア
ドニエプル川
ドン川
ヴォルガ川
ベッサラビア
1792年
ロシア領
オデッサ
1812年
ロシア領
クリム・ハン国
1783年ロシア領
バフチサライ
セバストーポリ
ルーマニア
1878年独立
ボスニア
セルビア
1830年自治
1878年独立
サラエボ
ヘルツェゴヴィナ
ブルガリア
1878年自治
黒 海
スィノプ
アブハジア
1810年ロシア領
バツーミ
ダゲスタン
カスピ海
ティフリス
グルジア
北アゼルバイジャン
1813年
イラン→ロシア
バクー
アルバニア
1913年独立
イスタンブル
マケドニア
エーゲ海
アナトリア
プレヴェザ
レパント
チェシュメ
ギリシア
1830年独立
アテネ
ナヴァリノ
エンゼリー
ギーラーン
地方
チュニジア
チュニス
1881年フランス保護領
クレタ
1908年ギリシア領
キプロス
1878年
イギリス保護領
シリア
レバノン
ダマスクス
パレスチナ
地 中 海
カージャール朝
イラン
イラク
トリポリタニア
1912年イタリア領
キレナイカ
1912年
イタリア領
アレキサンドリア
エルサレム
カイロ
スエズ
運河
エジプト
1811年自立
1882年
イギリス占領
紅海
ヒジャーズ
アラビア半島
クウェート
1899年
イギリス保護領
ペルシア湾
1830-1878年間に喪失したバルカンの領土
1879-1915年間に喪失した領土
トルコ共和国の領域

●——オスマン帝国領土の縮小

なくしては国の存続があやぶまれるという状況に立ちいたった。そのとき、為政者たちは、「イスラーム国家にとって近代化とはどうあるべきか」という極めて難しい問題に直面するのである。近代イスラームの改革思想には大きく分けて三つの潮流がある。第一は、西欧化につながる外来の要素を排除し、イスラームの原点に帰ろうとするもの、第二は、外来の要素を受け入れ、時代の変化に適応しようとするもの、第三は、西欧モデルの近代化を積極的に推進する世俗主義的な考え方である。

オスマン帝国では、十八世紀のチューリップ時代を皮切りに、基本的に第二の方向にそった改革がおこなわれてきた。その集大成ともいえるのがタンズィマート▲である。しかし、この路線は絶えずイスラーム保守勢力の抵抗にさらされる運命にあった。そもそも、オスマン帝国がシャリーア(イスラーム法)に絶対的価値を認めるイスラーム国家でありつづけるかぎり、西欧モデルの受容にはおのずと限界があることは明らかである。試行錯誤のすえ、結局だれも明確な答えを見出せないまま、帝国は第一次世界大戦の敗北によって崩壊した。その後独立戦争を指導し、近代国民国家としての「トルコ共和国」を生み出した

▼タンズィマート　西欧モデルの近代化をめざした上からの改革の総称。一八三九年のギュルハネ勅令によって全臣民の法のもとの平等、生命・名誉・財産の保障、徴税請負制の廃止、司法制度の見直し、徴兵制度の改革、官吏の俸給制と収賄の厳禁などが掲げられた。一八七六年の憲法発布までの時代をタンズィマート期と呼ぶ。

▼ムスタファ・ケマル・アタテュルク(一八八一〜一九三八)　第一次世界大戦に敗れたオスマン帝国が、連合国の占領下で解体の危機に瀕したとき、祖国解放運動を指揮し、トルコの独立をかちとった。スルタン制、カリフ制を廃止し、初代大統領(在任一九二三〜三八)として近代国家の建設をめざして数々の改革をおこなった。

ムスタファ・ケマル・アタテュルクが選択したのが第三の道である。世俗主義を国是の一つに掲げるトルコだが、現在イスラーム復興の機運のなかでその先行きは不透明といわざるをえない。

ナショナリズム

オスマン帝国は、日本ではかつて「オスマン・トルコ」や「トルコ帝国」とも呼ばれていたため、その国民であればみなトルコ人であろうと思い込みがちである。その一方で、千のモスクにいろどられた帝都イスタンブルと、そこに君臨したスルタン・カリフの存在は、かの国がまぎれもなくイスラームの国であることを強く印象づける。しかし、一歩踏み込んでその社会構造を観察してみると、オスマン帝国はかならずしもトルコ人の、そしてムスリムの国家であるとはいいきれない側面があることに気づく。そこにはさまざまな言語を話し、さまざまな宗教を信仰する人びとが生活していたのである。

現代トルコ語では民族や国民を意味する「ミッレト」という言葉も、オスマン帝国時代には宗教共同体を指すものとして用いられた。例えば正教徒の集団

ムスタファ・ケマル・アタテュルク

▼世俗主義　共和主義、民族主義などと並ぶトルコ共和国の重要な国是。オスマン帝国の神権政治を否定し、政教分離政策を推進した。当初イスラームの公権力への介入を厳しく制限していたが、近年は緩和の方向に向かっている。

▼スルタン・カリフ　スルタンは世俗的な政治権力を、カリフは宗教的権威を象徴する称号。オスマン朝の君主は代々スルタンを称していたが、近代以降、西欧列強のイスラーム世界進出にたいし、全ムスリムの精神的柱であるカリフの称号をことさらに用いるようになった。

▼**ルーム**　「ローマ人」を意味する言葉。もとは東ローマ帝国、すなわちビザンツ帝国の民を指していたが、のちにオスマン帝国領内のギリシア正教徒の呼称となる。ズィンミー（被保護民）を宗教別に支配管理するオスマン帝国にあって、彼らは非ムスリム最大の集団を形成していた。ルームのなかでも、イスタンブルのフェネルという地区に住むことからファナリオトと呼ばれた貴族階級は、スルタンから数々の特権を与えられていた。正教会の主教やバルカンのヴォイヴォダ（行政長官）職もファナリオトのなかから選ばれた。とはいえ、大多数のルームは農民、漁民、商工業者などであり、ムスリムに改宗しないかぎり政権に参画することはできなかった。

▼**クルド人**　現在のトルコ、イラン、イラクにまたがる地域に古くから居住する人びと。スンナ派のムスリムが多い。印欧系のクルド語を母語とする。オスマン帝国時代、クルドの遊牧部族長には大幅な自治権が与えられていた。

をギリシア正教徒を指す「ルーム▲」という言葉を冠して「ルームのミッレト」と呼んだ。しかし、そのなかにはギリシア人のほかにもブルガリア人、セルビア人など、今日でいうさまざまな「民族」が含まれていた。要するにオスマン社会の人びとのアイデンティティは「自分はムスリムである」とか「正教徒である」とかいった程度のものであり、民族意識が問題となるのはその六〇〇年あまりにおよぶ歴史の最後の一世紀間のことにすぎないのである。

オスマン帝国では、被征服地の支配のあり方一つをとっても、既存の統治システムを援用することが多く、非ムスリムにイスラームへの改宗を強制しなかったばかりか、文化的にも極端な同化政策をとることはなかった。こうした比較的柔軟な支配体制のもとで、人びとは固有の伝統や文化を保持しつづけた。その結果、十九世紀に西欧から「民族」という概念がはいってくると、こうした違いが民族的なアイデンティティに転化するのは容易なことだった。セルビア人、ギリシア人があいついでオスマン支配にたいして反旗を翻し、バルカンにナショナリズムの嵐が吹き荒れることになる。

やがて、ムスリムとして一体であるかのようにみえたアラブ、クルド人▲、アルバニア人らも民族意識に目覚め、スルタン・アブデュルハミト二世▲のパン・イスラーム主義(五三頁参照)政策のかいもなく、オスマン朝のカリフは求心力を失ってしまう。しかし、オスマン帝国領のほとんどの地域は、長年にわたってさまざまな人びとが共存してきた歴史を背負っており、近代国民国家の形成によって国境線が確定すると、一つの民族が複数の国家に分断されるクルド人の悲劇や、モザイク状に錯綜する複雑な民族構成が国家としての統一を困難なものにする旧ユーゴスラヴィアのような事例を生み出した。こうして、複合民族国家オスマン帝国の解体の後遺症は、今なお、バルカン・中東の紛争の火種となってくすぶりつづけているのである。

経済的植民地化

オスマン帝国の経済的繁栄は、絶え間ない領土拡大によって支えられていた。メフメト二世▲、セリム一世▲、スレイマン一世の三代にわたって、エジプト、メソポタミア、ハンガリーといった豊かな土地を征服し、莫大な戦利品と税収とを手中にした。広大な領土からは交易の利益ももたらされた。しかし、十六世

▼アブデュルハミト二世(一八四二〜一九一八、在位一八七六〜一九〇九) 第三四代スルタン。立憲派に擁立されて即位するが、すぐに議会を解散して長期にわたり専制政治をおこなった。

▼メフメト二世(一四三二〜八一、在位一四四四〜四五、五一〜八一) 第七代スルタン。一四五三年にコンスタンティノープルを攻略してビザンツ帝国を滅ぼした。「ファーティヒ(征服者)」のあだ名どおり、クリミア半島など黒海沿岸地域を制圧し、これをオスマン帝国の内海とした。

▼セリム一世(一四六七〜一五二〇、在位一五一二〜二〇) 第九代スルタン。その冷厳な統治から「ヤヴズ(冷酷者)」とあだ名される。エジプトに遠征しマムルーク朝を滅ぼした。そのときカイロからアッバース朝のカリフをイスタンブルへ連れ帰り、その死後位を禅譲されたというのが、オスマン朝カリフ権の正当性の拠り所となった。

紀末以降征服活動がやみ、国庫収入は頭打ちとなる。逆に官僚および軍事機構が肥大化し、宮廷の奢侈（しゃし）もとどまるところを知らなかった。いつしか歳出が歳入を大きく上回るようになり、アメリカ大陸からの銀の流入によるインフレがそれに追討ちをかけた。財政の建直しも試みられたが成果がなく、西欧との軍事上の力関係の逆転による領土の喪失と戦費の増大の前に、国家財政は悪化の一途をたどった。

この間西欧側の経済的成長は著しいものがあった。大航海時代から産業革命をへて、資本主義的世界経済システムが完成すると、彼らの目は新しい市場を求めてオスマン帝国の領土に向けられた。一八三八年、イギリス・オスマン帝国通商条約▲の締結によって、それまで外国との通商を妨げてきた専売制や高い関税などの障害が取り除かれ、オスマン市場は事実上開放された。以後も外圧によって西欧資本の進出を容易にする環境が整えられていく。一方、財政の窮乏に苦しむオスマン帝国は、一八五四年クリミア戦争▲の戦費を捻出するという名目で、はじめて外債に活路を求める。以後その額は雪だるま式に膨れ上がり、ついに一八七五年、利子の支払不能を宣告するにいたる。これは国家としての

▼イギリス・オスマン帝国通商条約　イギリスにたいして既得権の維持、帝国内全領域での通商・輸送の自由、専売制の廃止などを認めた。関税率は輸出品一二%、輸入品三%と定められた。以後ほかの西欧諸国とも同様の条約が結ばれていった。

▼クリミア戦争（一八五三〜五六年）　オスマン帝国内の正教徒の保護権をめぐるロシアとの戦争。クリミア半島が主戦場となった。オスマン帝国はイギリス、フランスらの支援で勝利し、ロシアの南下を食い止めることができた。

破産を意味した。その結果、債権者である西欧の金融資本が国家財政を管理することとなる。こうして、十九世紀末までにオスマン帝国は、政治的には独立国家として主権を保ちながらも、経済的には西欧列強の半植民地状態に転落してしまった。そのことが、列強に伍して軍事力を増強することをあきらめざるをえない状況をつくりだしていく。

以上概観してきたオスマン帝国の近代史上の三つの課題、「イスラームと近代化」「ナショナリズム」「経済的植民地化」は、海軍の運命をも左右することになる。これから、そのようすを具体的にみていくことにしたい。

②―西欧化の試みとお雇い外国人

欧化政策の始まり

日本が徳川幕府の鎖国政策のもとで元禄の太平の世を謳歌していたころ、ユーラシア大陸の西端ではオスマン帝国が近代西欧に扉を開こうとしていた。一六九九年のカルロヴィッツ条約によってはじめて恒久的かつ大幅な領土の喪失という屈辱を味わった彼らは、西欧との力関係の逆転という現実を認めざるをえなくなった。そして、続く十八世紀は、オスマン帝国にとって西欧モデルの近代化への試行錯誤の世紀となった。

改革はまず陸軍に始まり、それが海軍にまでおよぶのはムスタファ三世▲の時代のことである。このころ海軍も西欧との力の差が歴然となっていた。十六世紀末のレパントの海戦（三〇頁参照）に西欧側がその予兆を感じとっていたとしても、オスマン海軍はまだ自らの力をつゆほども疑ってはいなかった。彼らに冷水をあびせ、目覚めさせたのは一七七〇年の「チェシュメの焼討ち」である。

チェシュメの焼討ち

▼ムスタファ三世（一七一七〜七四、在位一七五七〜七四）　西欧の文物に強い関心を示したスルタン。とくに占星術に凝り、プロイセンのフリードリヒ大王に天文学者の派遣を要請した。大王は「戦争に勝つには、過去の歴史に学び、富国強兵をはかることが大切である」と返答したという。

一七六八年に始まった戦争の最中、ロシアのバルチック艦隊は、ジブラルタル海峡から地中海にはいった。彼らは途中イギリスに立ち寄り、イギリス海軍の応援をえていた。一七七〇年七月六日、ロシア艦隊はエーゲ海岸のチェシュメにいたオスマン艦隊を奇襲し、これを焼きはらった。その損害はほぼ全滅に近いものだったという。このときはじめて、オスマン海軍にも危機感がただよいはじめた。ムスタファ三世がまねいたお雇い外国人バロン・ド・トット▲によって帝国初の海軍工学校が設立された。ヨーロッパの先端技術がオスマン海軍に導入されるかに思われたが、この試みはスルタンの西欧趣味の一端にすぎず、ド・トットの帰国後しだいに先細りとなっていった。

西欧の軍事技術の本格的な導入は、セリム三世▲によって実現した。彼の編成した洋式の新軍団の名「ニザーム・ジェディード」が、改革の総称となっていることからもわかるように、その最大の目標は軍事力の強化にあった。一七九一年、ロシアとの戦いに敗れたオスマン帝国は、クリミアの奪還に失敗し、北方の脅威がますます強まったからである。一七九六年、フランスから軍事顧問団がまねかれた。彼らはナポレオン戦争期を除いてセリム三世の軍事改革に大

▼**バロン・ド・トット**（一七三三〜九三）　ハンガリー出身。フランスでバロンの爵位を受ける。一七七〇〜七六年オスマン政府の要請を受けて、砲兵隊の西欧化、大砲の鋳造、陸海軍の工学校の設立などにたずさわった。

▼**セリム三世**（一七六一〜一八〇八、在位一七八九〜一八〇七）　オスマン史上近代化に本腰をいれて取り組んだ最初のスルタン。軍事以外にも、西欧モデルの受容に熱心で、はじめて常駐大使をおくなどしたが、守旧派の反発をまねきクーデタによって退位した。図はセリム三世の閲兵を受けるニザーム・ジェディード。

きな役割をはたした。海軍のお雇い外国人もまたフランス人が中心であったが、スイス人、スウェーデン人も何人かいた。なかでもスイス人技師ローデは、イスタンブルに九カ所ものドックを建設し、一七九六年には「テルサーネイ・アーミレ（帝国造船所）」に大ドックを竣工させた。セリム三世は一八〇四年に海軍改革令を出し、海軍のための特別財源を確保するとともに、海軍省を設けて、「ドナンマ（艦隊）」と「テルサーネ（造船所・工廠）」とから成る海軍の伝統的な組織を大幅に改編した。改革は彼の失脚により一時中断するものの、十九世紀にはいり、マフムト二世▲に引き継がれる。

▼**マフムト二世**（一七八五〜一八三九、在位一八〇八〜三九）　急進的な改革を断行したスルタン。一八二六年にはイェニチェリ軍団を廃止。行政の近代化、郵便制度の導入、初等教育の義務化などをおこなった。その世俗化政策は保守的なムスリム大衆に理解されず、「異教徒」とあだ名された。

マフムト二世の改革

マフムト二世の時代は、ギリシア独立戦争（三五頁参照）が勃発したため、海軍の増強におのずと拍車がかかった。新たなドックが建設され、セリム期から受け継いだドックでは、一八二〇年までに二〇隻もの軍艦が新造された。一八二一年にイスタンブルを訪れたイギリス人ウォルシュは、オスマン海軍の造船所と軍艦の立派さに賞賛を惜しまなかった。しかし、二代にわたるスルタンの営為によって形成された艦隊と人材を、「ナヴァリノの禍」が一挙に奪い去る。

一八二一年にモレア半島で始まったギリシア人の反乱に手を焼いたオスマン政府は、エジプト総督ムハンマド・アリー▲に援軍を要請した。彼は呼びかけにこたえて自らの手で洋式に改革した艦隊を現地へ送った。この動きが功を奏すると、イギリス、フランス、ロシアは手をこまねいてはおられず、一八二七年七月、ロンドン議定書に合意して協調を約した。このとき、六〇隻におよぶエジプト・トルコ連合艦隊は、モレア半島南部のナヴァリノに停泊中であった。そこへ三カ国の連合艦隊が焼討ちをかけたのである。

オスマン帝国は、イギリス、フランスなどと交戦状態にあったわけではないので、突然の攻撃に驚き、なすすべを知らなかった。全艦船が炎上し、五七隻が沈み、六〇〇〇人が犠牲となった。トルコ人はこれを海戦とは認めず、歴史書においても「ナヴァリノの禍」と呼ぶ。これをきっかけにふたたび露土戦争に突入し、敗れたオスマン帝国は、一八二九年のエディルネ条約でロシアの海峡自由通行権を認め、ギリシアの独立も承認した。その結果、黒海ではロシアの、エーゲ海・地中海ではギリシアの艦隊の影に脅かされることになるのであ

▼ムハンマド・アリー（一七六九～一八四九）　アルバニア出身の傭兵から身を起こし、一八〇五年エジプト総督となる。富国強兵・殖産興業政策によってエジプトの近代化に成果をあげる。オスマン帝国からの自立を志向しスルタンと対立、シリアでオスマン軍を破る。列強の介入で世襲総督の地位をえた。

近代オスマン海軍の軍装 **1** 海兵隊員、**2** 海軍将校、**3** 海兵隊将校、**4** 水兵、**5** 工兵

る。

オスマン海軍がナヴァリノの打撃から立ち直るのに手を差し伸べたのがアメリカ合衆国であった。キリスト教国とはいえ、新興勢力のアメリカは、過去および現在においてオスマン帝国とのあいだに利害の対立がなかったからである。一八三〇年、両国は友好通商航海条約を結んだが、この条約には海軍にかんする秘密条項があった。アメリカにおいてオスマン海軍のために軍艦を建造して市価よりも安く提供することと、彼らが材料・技術を提供し、トルコで軍艦を建造することである。しかし、この二つの条項は議会の承認をえられず、アメリカ政府は造船技師を派遣することで密約の一部をはたそうとした。しかし初代のアメリカ人技師エクフォードは、外国人の介入をこころよく思わぬ海軍内の保守派のいやがらせにあい、まもなく病をえて帰国してしまう。

その後任としてやってきたのがフォスター・ローズである。彼はマフムト二世に気にいられ、短期間で言葉を習得し、不誠実な通訳を介さなくともスルタンと話ができるようになった。マフムト二世もしばしば抜打ちでドックを視察し、自らの目で改革の成果を確かめた。このスルタンとの直接のつながりが、ローズを彼の前任者を悩ませた周囲の嫉妬や妨害から守った。ローズは遠慮なくパシャ▲たちの無能、怠慢を指摘した。彼らが海軍の艦船、軍需物資の発注にさいして、アルメニア人商人・金融業者と結託し私服を肥やしていることを糾弾した。あるときローズはこのことで激昂し、ボートに飛び乗ると、「私は今すぐ宮廷へ行って、お前たちは全員どろぼうだと陛下に申し上げる」と叫んだという。彼の指導でアメリカ式の軍艦が数隻イスタンブルで進水し、オスマン海軍造船所初の蒸気船も彼の手によって生まれた。しかし、マフムト二世が世を去ると、後ろ盾を失ったローズはたちまち孤立無援となる。結局冷遇にたえられず、自ら職を辞して帰国してしまうのである。

後任者リーヴスも同じ運命をたどる。彼は着任以来まる三年ものあいだ一銭の給与も受け取ることがなかったという。記録に残されたこの三人のほかにも、この時期何人かのアメリカ人が大西洋をこえて渡来し、オスマン海軍に近代的造船技術を伝えたと考えられる。やがてタンズィマート期にはいり、オスマン帝国とイギリスとのあいだがかつてないほど親密なものとなると、海軍のお雇い外国人の主役の座もイギリス人によって占められるようになる。

▼パシャ　オスマン帝国の政府高官や将官級の軍人に与えられた称号。

イギリス人の見た海軍

一八三九年、ギュルハネ勅令の発布によってタンズィマート時代は幕をあけた。オスマン帝国は、西欧モデルの近代化への道をもはや後戻りすることなく進んでいくことになる。しかしこの年は海軍にとって災厄の年でもあった。ことあろうに海軍の長カプダン・パシャの地位にあるアフメット・フェヴズィ・パシャが、自らの指揮下にあるオスマン艦隊を手みやげにエジプトに亡命してしまったのである。理由は政敵ヒュスレヴ・パシャが大宰相に就任したことによって、自身に身の危険がおよぶのを恐れたためだった。

近世以降オスマン海軍はしばしば無能なカプダン・パシャの弊害に苦しんできたが、一人の人物がこれほどの損害をもたらしたことはかつてなかった。チェシュメ、ナヴァリノに続いて、またもや一挙に多数の軍艦を失った海軍は、ふたたび出直しを迫られる。おりしも時代は帆船から蒸気船へと移ろうとしていた。オスマン艦隊の汽走化、すなわち蒸気艦の導入を視野にいれた再編は、当時友好関係にあったイギリス人の手に委ねられることになった。

アブデュルメジト▲、アブデュルアズィーズ▲という二人のスルタンの治世にあ

▼アブデュルメジト（一八二三〜六一、在位一八三九〜六一）　即位直後にギュルハネ勅令を発布し、オスマン帝国の本格的な近代化を目的とする改革に着手した。

▼アブデュルアズィーズ（一八三〇〜七六、在位一八六一〜七六）　歴代君主のなかではじめて西欧諸国を歴訪。西欧文化の導入に熱心だったが、後年専制化し、出版条例を出して言論を厳しく統制した。クーデタにより倒され、幽閉先で非業の死をとげた。

▼チャールズ・マクファーレン　イギリス人。一八二七〜二八年と四七〜四八年の二度にわたり、オスマン帝国の農業、諸民族についてのフィールドワークをおこなった。

▼アドルファス・スレイド（一八〇四〜一八七七）　イギリス海軍士官として一八二八〜二九、三〇〜三一年オスマン帝国を訪問。一八四九年公式に軍事顧問となり、造船所・工廠および艦隊の整備に尽力した。

たるタンズィマートの全期間にわたって、数多くのイギリス人がオスマン帝国にやってきた。彼らのなかには、軍事顧問や兵学校の教官としてまねかれたイギリス海軍の軍人もいれば、軍艦の建造を受注したイギリスの造船会社から派遣された民間の技術者もいた。その数は一時二〇〇名をこえたという。公文書でも一八七〇年に海軍造船所・工廠には一六五名のイギリス人工員(常勤一二八、臨時三七名)が雇用されていたと記録されている。

海軍の軍艦であれ、民間の商船であれ、この時期オスマン帝国内を航行する汽船の船長・機関士のほとんどがイギリス人だった。そのなかには、なんらかのかたちで自分たちの足跡を書き記したり、トルコ人の記憶に長くその名をとどめる者たちがいた。チャールズ・マクファーレン▲、アドルファス・スレイド▲、ホバート・パシャ▲、ヘンリー・F・ウッズ▲らである。今日なおもっとも定評のある辞書として使われつづける『英語＝トルコ語辞典』の著者ジェームズ・レッドハウス▲も海軍のお雇い外国人の一人である。ここで彼らの見た「オスマン海軍の素顔」をいくつか紹介しよう。

マクファーレンはつぎのようなエピソードを書き記している。

▼ホバート・パシャ(一八二二〜八六) 正しくはオーガスタス・チャールズ・ホバート＝ハムデン。イングランドの伯爵家に生まれる。イギリス海軍で艦長まで昇進。クレタ問題への助言をきっかけにオスマン海軍の顧問となり、一九年間にわたって奉職した。その人柄から多くの人に敬愛され、ミラノで客死したときには、スルタンの命令で軍艦が派遣され、遺体はイスタンブルのイギリス人墓地に埋葬された。

▼ヘンリー・F・ウッズ(一八四三〜一九二九) チャネル諸島のジャージー島出身。四〇年の長期にわたりオスマン海軍に在籍。一八八六年には中将に昇進。スルタンの名誉侍従武官となる。オスマン帝国へくる前には江戸末期の日本も経験し、薩摩藩から仕官を打診されたこともあった。

▼ジェームズ・レッドハウス(一八一一〜九二) ロンドン出身。語学に天才的な能力を発揮し、大宰相府の翻訳局をはじめオスマン帝国のさまざまな部局で活躍した。海軍においても通訳や海軍会議のメンバーを務めた。

ホバート・パシャ

徴兵によって海軍に放り込まれた新兵たちのほとんどは、昨日までアナトリアの草原で羊を追っていた若者たちであり、海を見たこともない連中だった。彼らの頂点に立つカプダン・パシャにしても、かつてのバルバロスのごとき海の勇者というわけではなかった。カプダン・パシャはつぎつぎと交代するものの、恐ろしく船酔いすることなく海にでられる者は一人としていなかった。にもかかわらず、この地位を手にいれるために権謀術策のかぎりがつくされた。なぜなら、富と名誉とが約束されるからである。一八四六年、時のカプダン・パシャはスルタンとともに優美な大型蒸気船でちょっとしたクルーズに乗り出した。しかし、船がボスフォラス海峡をでて黒海にはいったとたん、船酔いが始まった。スルタンは今にも死ぬのではないかというほど苦しんだが、カプダン・パシャのようすはさらにひどかった。すぐにイスタンブルに引き返し船をおりたものの、パシャは両脇をかかえられて運ばれるありさまであった。（C・マクファーレン『運命——あるいはトルコのドーム』）

もちろんすべてのカプダン・パシャがこれほど情けない人物であったわけで

はない。しかし、タンズィマート期に何人ものお雇い外国人をまねきながら成果をあげられなかった背景に、海軍政策をつかさどるパシャたちの見識の低さがあったことはいなめない。スレイド、ホバート、ウッズのいずれもが、自分たちの助言がいれられず、改革が進まないことに失望し、オスマン帝国を去っていったのである。

ウッズの回想録からは、イギリス人機関士への依存ぶりがうかがえる。

> 一八六七年以降、長年にわたってトルコ海軍の装甲艦および二隻のスルタンのヨットの機関長と副機関長はすべてイギリス人だった。そればかりか、ボスフォラス海峡やアダラル▲のあいだを運航する外輪船の機関士もまたイギリス人だった。……このため機関室での会話はすべて英語だった。桟橋に接岸しつつある、または、波止場から離れつつある船のクルーが英語で「フルスピード」「ストップ」「ターン・アスターン」と叫ぶのを、そしてトルコ人クルーたちがこの指令のままに従っているのを見ることは、私のような外国人にとって最初は驚きであった。（H・F・ウッズ『オスマン海軍の四〇年——一八六九〜一九〇九』）

▼アダラル　トルコ語で「島々」のこと。マルマラ海に浮かぶイスタンブル近隣の群島を指す。英語では「プリンス諸島」と呼ばれる。富裕層の別荘が多くみられた。

スレイドはこう回顧する。

〔軍艦セリミエに乗艦中〕、カプダン・パシャが「新しい兵士」を見たいかとたずねたので、喜んでと答えた。しばらくして甲板にぶかっこうな、奇妙な服装をした六名の兵士があらわれた。その前を六名のラッパ手が歩いていた。トルコ帝国のかつては世界を震え上がらせた艦隊で目にしたこのみじめな光景に私は悲しみを覚えた。かの恐るべき軍団のあとにかくもあわれな連中が残されたとは。セリミエ艦の軍楽隊はまさに東洋と西洋のはざまで、優柔不断のため、どうしたらいいのかわからなくなって思考停止に陥ったことの象徴だったのである。（A・スレイド『トルコ・ギリシア旅行記――カプダン・パシャとの黒海クルーズ』）

お雇い外国人の役割

オスマン海軍におけるお雇い外国人の系譜は、オスマン帝国の対外関係と密接なつながりをもっている。西欧化への道を踏み出した当初は、フランス、スウェーデン、アメリカ合衆国など、その出身国は多様であった。その後タンズィマート期にはいるとイギリスが圧倒的な影響力を示すようになる。しかし、十九世紀末アブデュルハミト二世時代に対英関係が冷却化し、ドイツとの関係が親密になると、ドイツ人がイギリス人にとってかわる。ドイツへの傾斜は一九〇八年の青年トルコ人革命(八二頁参照)後にさらに強まり、第一次世界大戦まで続くのである。

オスマン海軍において将官以上の、すなわち「パシャ」の位を授けられたイギリス海軍出身の軍事顧問は、タンズィマート期以後七名を数える(上表参照)。この伝統は、アブデュルハミト二世時代にイギリスとのあいだに緊張関係が生まれたあともとだえることがなく、第一次世界大戦の勃発まで続いた。送り出すイギリス側にもオスマン海軍にその影響力を残しておきたい事情があった。それはドイツの存在である。

一八八二年のイギリスのエジプト占領▲は、アブデュルハミト二世のイギリスへの不信感を決定的なものとした。一方ドイツは、一八九〇年の皇帝ヴィルヘルム二世▲のイスタンブル訪問を機に、スルタンの「新しい友人」としてその勢力を拡大しはじめた。その結果、一八八四年以降はドイツからも海軍に軍事顧

オスマン海軍のイギリス人顧問

	任期
ウォーカー	1839－1845
スレイド	1849－1865
ホバート	1867－1886
ウッズ	1870－1909
ガンブル	1909－1910
ウィリアムス	1910－1911
リンパス	1912－1914

▼エジプト占領　一八八二年エジプトで起こったオラービー大佐の民族運動を武力で押さえ込んだイギリスは、そのままエジプトを占領下におき、実質的な植民地支配にはいった。

▼ヴィルヘルム二世(一八五九～一九四一、在位一八八八～一九一八)　ドイツ皇帝として中東政策を重視。一八八九年十一月イスタンブルを訪問し大歓迎を受ける。両国はこれに先だち八月に新たな通商条約を締結していたが、この訪問によりさらに親密さが深まった。

問をまねくようになった。両者の接近はイギリスに警戒感をいだかせた。イギリス側の史料によれば、彼らは「トルコ艦隊からイギリス人がいなくなれば、ただちにドイツ人の提督、将校がそのあとをおそうに違いない」と考えていたようである。

英・独海軍から各一名ずつの軍事顧問をおくという体制は、アブデュルハミト二世の治世期間中不変であった。彼らはスルタンの名誉侍従武官の地位を与えられ、参謀として海軍に仕えたが、海軍そのものの活動がふるわない時期にあって、とくにこれといった貢献をしたわけではなかった。むしろ彼らの存在は、イギリスとドイツの対立を利用しようとするスルタンの外交政策の一環であったといえるのである。

オスマン海軍のお雇い外国人についてもう一つ注目すべき点は、同じような経験をもつ幕末・明治期の日本の場合との根本的な違いである。わが国では、あくまでも外国人は「教師」であり、実際の活動の主体は日本人であった。すなわち一刻も早く西欧の技術を習得し、日本人が海軍軍人として、また技術者として自立することをめざしていた。その目標は短期間に達成されたといえよう。一方、オスマン海軍では、たしかに士官学校に何人かの外国人教官をまねきはしたものの、彼らにとっての西欧技術の導入とは、そのまま外国製の軍艦や大砲を購入することであった。自国に技術的な裏づけがない以上、これらの操作にあたっては、外国人の技師や機関士に頼らざるをえなかった。その結果、いつまでも一人立ちできなかったのである。

③―ナショナリズムとタンズィマート

カリヨン時代の金角湾のテルサーネ（造船所）

ガレー船からカリヨンへ

オスマン海軍は、黒海、エーゲ海、地中海をわが庭のごとく知りつくしたギリシア人、造船技術や航海術にたけたジェノヴァ人、西地中海を荒しまわりキリスト教徒の船に恐れられたマグリブの海賊たちなど、さまざまな「海の民」をたくみに利用することによって、十六世紀に黄金期を築き上げた。オスマン海軍とは、「トルコの海軍」ではなく「地中海世界の海軍」だったのである。それゆえ、海軍を支えた「海の民」が帝国の手から離れていくと、深刻な人材不足に悩まされることになる。しかし、そうなるのは十九世紀にはいってからのことであり、スレイマン大帝の死後すぐに海軍の没落が始まったわけではない。

一五七一年のレパントの海戦は、オスマン帝国がたどった長い衰退のプロセスの出発点として語られることが多い。事実スペイン、ヴェネツィア、ローマ教皇などの連合艦隊に敗れたオスマン艦隊は壊滅的な打撃を受けた。しかし、この敗北はオスマン側にとって、西欧側が想像したほど深刻なものではなかった。主力艦隊の喪失に動揺する海軍長官クルチ・アリ・パシャにたいして、大宰相ソコルル・メフメト・パシャ▲は、「そなたはこの国の底力を知らぬとみえる。そなたが望むならば、すべての軍艦の錨を銀で、ロープを絹糸で、帆を綸子でつくることもできるのだ」と豪語し、わずか五カ月で艦隊を再建したという。むしろレパントの海戦は、海軍史を語るうえで別の重要性をもつ。それは、ガレー船▲時代の終わりとカリヨン▲を主力とする帆船時代の幕開けを告げるものだったのである。

　レパントの勝利でカリヨンの威力をまのあたりにした西欧諸国の海軍は、いち早くこのタイプの軍艦へとモデルチェンジをはかった。ところが、一方の当事者であるオスマン海軍は、カリヨン艦隊の構築にすぐには着手せず、十七世紀中葉までガレー船にこだわりつづけた。その理由の一つとして、「カプダン・パシャ」と呼ばれた海軍長官に人をえられなかったことがあげられる。十六世紀末以降、この地位は、大宰相を終着点とする中央政界の出世コースの通過点としてとらえられ、海軍とは無関係なイェニチェリや宮僚出身者によって占め

▼ソコルル・メフメト・パシャ（一五〇五〜七九）　オスマン帝国の大宰相。ボスニア生まれ。デヴシルメ出身。一五六五年から七八年にかけてスレイマン一世、セリム二世、ムラト三世の三代にわたって大宰相の任にあった。帝国の全盛期を支えた名宰相。

▼ガレー船　櫂・帆併用の軍艦にたいするヨーロッパ側の呼称。オスマン海軍では、オールを推進力とし、補助推進力としての帆も備えた艦船を「チェキディリ」と呼んでいた。チェキディリは、オトゥラク（漕ぎ手の座る台座）の数により、いくつものクラス分けがなされていた。例えば、オトゥラクが一四〜一六の軍艦は「クルランゲチ」、一六〜一八は「フルカテ」、一九〜二四は「カリタ」、二五は「カドルガ」、二六以上は「バシュタルデ」というように。とくに「カドルガ」はオスマン海軍の全盛期に海戦の主役であり、ガレー船の典型である。

▼カリヨン　三本マストの大型軍艦。六〇から一〇〇門の砲を搭載していた。

られるようになった。海軍軍人としてのキャリアをもたない彼らは、大過なくこの職を勤め上げさらに上の地位へと進むことのみを願っていた。バルバロス・ハイレッディン・パシャの築いた無敵のオスマン艦隊の伝統に改革のメスをいれ、根本的に再構築するなどということは、たとえ周りが勧めたとしても、試みたいとは思わなかったであろう。こうして無為に時が過ぎ、西欧諸国に遅れること半世紀あまり、スルタン・メフメト四世(在位一六四八〜八七)の治世に、ようやくカリヨンを建造しはじめる。

一六五四年のクレタ戦役▲によって、自分たちの艦船がいかに時代遅れであるかを思い知らされたことで改革は加速し、六二年ころまでに帆船への切替えは完了した。また、海軍生え抜きの長官メゾモルタ・ヒュセイン・パシャ▲の登場によって、人事の見直しもおこなわれた。彼が準備した海軍改革法(一七〇一年発布)には、「カプダン・パシャとその他の海軍関係の役職には、基本的に海軍出身者を任用するということこそが本法規の主眼である」と書かれている。こうしてオスマン海軍は、ふたたびヴェネツィアから東地中海での優位を取り戻し、十八世紀初頭から一七七〇年の「チェシュメの禍」まで、その地位を保

▼クレタ戦役　クレタ島をめぐるオスマン帝国とヴェネツィアとの戦い。当初オスマン軍はハニヤの城塞を落とし、勝敗はすぐに決するかにみえたが、海軍力に優るヴェネツィアの抵抗で戦役は長期化した。

▼メゾモルタ・ヒュセイン・パシャ(?〜一七〇一)　一六九五年カリヨン艦隊を率いてヴェネツィアを撃破。一六九六〜一七〇一年カプダン・パシャとして数々の改革をおこない、オスマン海軍の復興に功績をあげた。

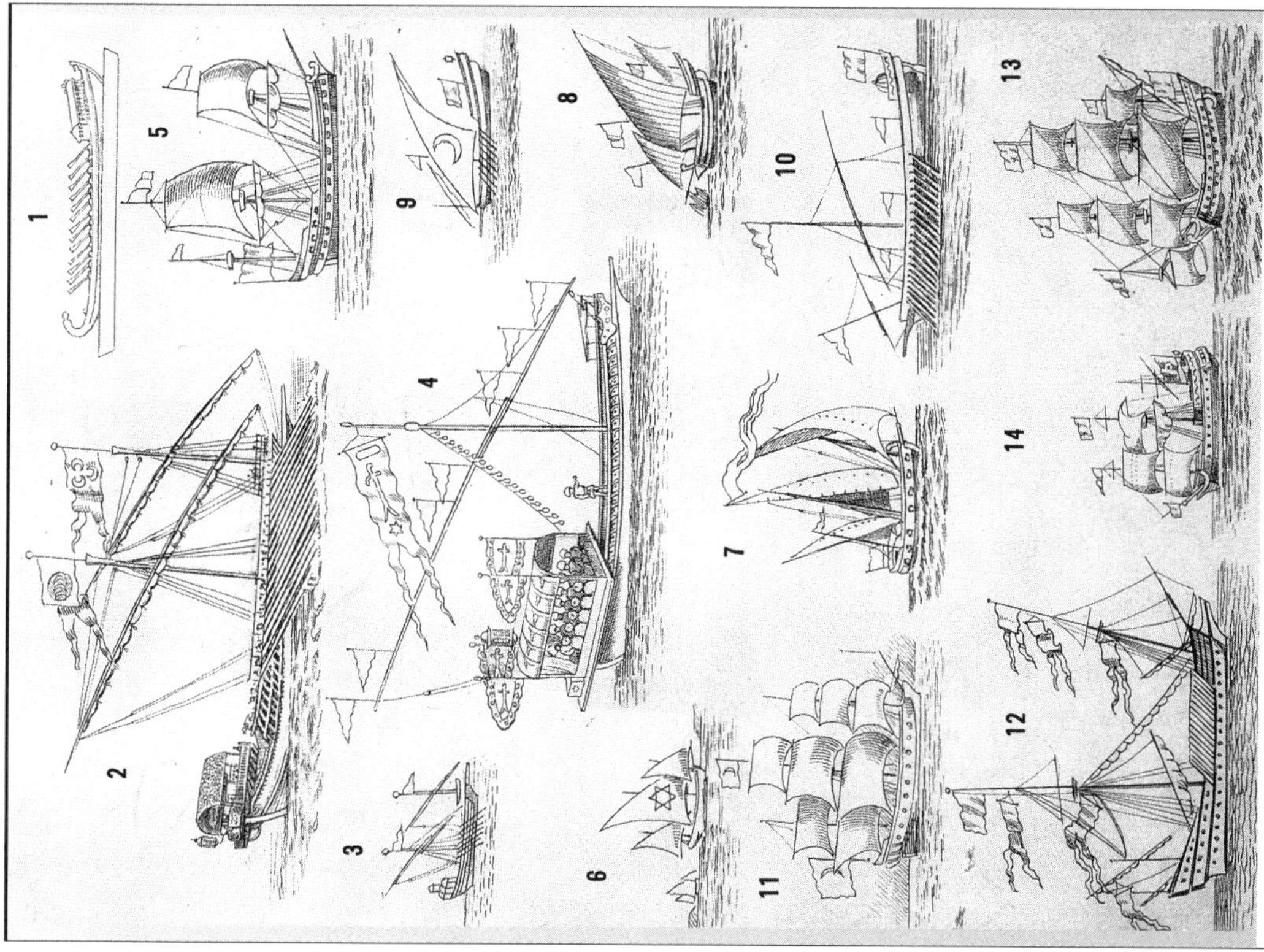

●—前近代オスマン海軍の艦船

1 スルタンの御座船、2 メフメト四世のカリタ、3 あるイェニチェリ連隊の徽章、4 太宰相アリ・パシャ専用のカドルガ、5〜8 クルランギチ、9・10・13 チェキデイリ、12 バルチャ(カリヨンの一種、平底の輸送船)、11・14 カリヨン

前近代オスマン海軍の軍装　**1** カプダン・デリヤ（提督）（十六世紀以前）、**2** カプダン・デリヤ（十六世紀以後）、**3** カリヨンジュ（カリヨンのクルー）、**4** テルサーネ・バシュチャヴシュ（造船所司令官）

持することができたのである。とはいえ、この間は大きな戦役がなかったため、さしたる技術革新もみられなかった。

ガレー船から帆船への切替えは、海軍の人材面に一つの変化をもたらした。それは、非ムスリム、とくにルーム（ギリシア人）への依存度が高まったことである。ガレー船は、船底につながれた戦争捕虜や罪人、奴隷などからなるオール漕ぎと、甲板上の少数の高級将校と、戦闘員たるムスリム兵士とから成り立っていた。一方帆船の場合は、繰艦がはるかに複雑で、マスト、帆、ロープ、索具の扱いなどに熟練した専門要員を必要とした。そしてこうした仕事をもっとも得意としたのが、帝国の沿岸・島嶼（とうしょ）部に住むルームの船乗りたちであった。

一七六八〜七四年の露土戦争までは、「ガブヤール」と呼ばれるこうした仕事を専門におこなう要員はオスマン艦隊に存在しなかった。このときはじめてナトカ島の住民をガブヤールとして雇ったといわれる。その後キュチュク・ヒュセイン・パシャ▲がカプダン・パシャになると、モレア（ペロポネソス半島）のキリスト教徒が徴発されて「ガブヤール」と「マリナー」という新たなクラスが設置された。その成員はほとんどがルームだったが、一部アルメニア人もまじっていた。ある史料によれば、この時代オスマン艦隊の熟練水夫の九五％、賃雇い水夫の七五％、砲手・水兵の五〇％がキリスト教徒であったという。このような状況のもとでは、ギリシアの独立がオスマン海軍にいかに深刻な影響をおよぼしたのかは想像にかたくない。

ギリシア独立の波紋

オスマン帝国で「ルーム」（一二頁参照）と呼ばれたギリシア人は、ビザンツ帝国滅亡後も父祖伝来の地にとどまった人びとである。

十八世紀末以降、西欧の近代思想の影響を受けた彼らはしだいに民族意識に目覚め、やがてオスマン支配からの脱却を望むようになる。一八二一年モレアで決起し、翌二二年国民議会を開いて独立を宣言した。ムハンマド・アリー（一九頁参照）の介入によって一時苦境に立たされたものの、イギリス、フランス、ロシアなどの後押しもあって、一八二九年、ついに念願の独立をかちとったのである。ギリシア人国家の誕生で、オスマン帝国は二つのやっかいな問題に直面した。一つは、ほかのバルカン諸民族を刺激し、その自立運動を加速さ

▼キュチュク・ヒュセイン・パシャ（？〜一八〇三）　チェルケスもしくはグルジア系奴隷出身といわれる。スルタンの娘婿となり、のちにカプダン・パシャに就任（在任一七九二〜一八〇三）。

ルームの水夫

せたこと。もう一つは、帝国内になお多数居住するルームが、オスマン国家と新生ギリシアのどちらにより強い帰属意識をもつのか、つまり、両国が対立した場合どちらにつくのか、ということである。海軍にとって後者は切実な問題だった。

一八二一年にモレアで起こったギリシア人の大規模な反乱は、海軍内部にルームにたいする不信感を生み出し、彼らの任用をためらわせることになった。同年海軍では、ルームにかわってムスリムを用いるようにとの指示が出されている。その内容は、「従来はルームのミッレト（一一頁参照）から専門知識を有する水夫を雇ってきたが、いまやルームの不信心者たちは信用できず、ムスリムの水夫をガブヤールに任ずる以外安全な道はありえないので、沿岸から十分な数の水夫を徴集する必要が生まれた」として、おもにシリア沿岸のアラブの水夫を合計六〇〇人調達し、至急送るようにというものだった。

一八二七年には、ルームの水夫の採用を完全にやめ、かわりにシリア、ベイルート、アッカ、ガザなどの沿海地域出身のムスリムを、ガブヤールやマリナーとして一〇〇〇人ほど徴発することに決めた。しかし、これまでの実績がら人材の切替えは容易なことではなく、しばらくはルームに依存する状態が続いた。マクファーレンの『運命』の一節にもその当時の事情が語られている。

ギリシア独立戦争以来、オスマン政府はギリシア人を雇うことを非常にいやがるようになった。ギリシア人は立派な船乗りを輩出してきたし、今もしつづけている。そしてまた、ギリシアの革命が起こる前は、帝国艦隊のほとんどすべて〔の軍艦〕に乗り組んでいた。トルコ人はなんといっても非海洋性の民族であり、スルタンの水兵になるはずの連中は、これまで海の上に長くとどまったことも、遠くまで海をわたったことも、そうしたすべを学んだこともないのである。……哀れなトルコの農民は、小アジアやバルカンから海軍基地に引っ張ってこられ、海兵やら水兵やらにさせられるというのだから、彼らが心底海をこわがるさまといったら、ケルト人への恐怖以上のものがある。

ギリシア人の徴用がふたたび話題となったが、トルコ人将校たちは、乗艦中に彼らの何人かが、オットー国王▲のギリシアに、また、宗教を同じくするロシア人に呼応することを恐れていた。危機もしくは戦時には、レシト・パシャ▲の

▼オットー国王（在位一八三二〜六二）時のギリシア国王。一八三二年ロンドン協約によって正式に独立が承認されたギリシアの初代国王としてバイエルンの王家からむかえられた。一八六二年クーデタで失脚。

▼ムスタファ・レシト・パシャ（一八〇〇〜五八）　一八三九年外務大臣としてギュルハネ勅令を準備し、タンズィマートの諸改革を指導した。のちに大宰相となる。

民族融和政策などはなんら安全保障とはならず、トルコ軍艦の乗組員の半数はギリシア人なので、黒海ではロシア軍艦に、地中海ではギリシア軍艦に横付けにされるに違いないというわけである。

一八二一年にイスタンブルを訪れたイギリス人神父ウォルシュは、彼の『旅行記』のなかでつぎのように述べている。

> ギリシアの反乱時トルコ艦隊は人材問題でもっとも窮した。なぜなら帆の上げ下ろしにたずさわる専門要員はルームから成り立っていたからである。彼らは信用を失い、実際多くのルームが反乱と同時に逃げ出し、革命に加わった。……このようなとき、トルコ人もわがイギリスのように、船乗りのカフェなどに突如押し入り、職にあぶれた連中を艦隊のために捕まえる慣行はあった。……しかし、トルコでは彼らの海で海運を営むトルコ人の船団などは存在しないので、これだけの船員を見つけることは事実上不可能であるかにみえた。……結局艦隊には……まったく気が進まないものの、ガラタやバルックパザル▲の居酒屋を埋めつくすジェノヴァ人、マルタ人、ラグーザ人といった外国人船員を雇うことになった。

▼**ガラタ、バルックパザル**　イスタンブルの新市街にある繁華街。非ムスリムや外国人のオフィス、店舗、住居が集中し、居酒屋やカフェも多くみられた。

艦隊付司祭問題

このように、ムスリム船員や外国人では質量ともに海軍の需要にこたえられなかったため、ギリシアの独立後、政府首脳はこれまでどおりルームを艦隊で用いるべきか否かでゆれ動いた。陸軍で「ムハンマド常勝軍▲」が設立され、海軍もこの名のもとに沿岸の諸県から兵士を徴発したものの、この者たちでは艦隊の専門性を要する人員を満たすことができなかった。そこでやむなく黒海、アドリア海沿岸(アルバニア)のムスリムとともに、ルームの船乗りをこれまでどおり雇いつづけた。十九世紀中葉にいたってもルームへの依存は続いていた。その事実を示す興味深い事例がある。

オスマン艦隊は、平時において、夏期地中海に展開し演習をおこなうのが慣行となっていた。一八四七年の夏、カプダン・パシャの指揮のもと、イスタンブルを出航したオスマン艦隊には依然として数多くの非ムスリム水夫が乗り組んでいた。艦隊はダーダネルス海峡の出口にあたるガリポリにさしかかった。おりしもその日はキリスト教の祝祭日にあたっていた。大半の水夫は礼拝のた

▼ムハンマド常勝軍　一八二六年にイェニチェリ軍団を廃止したマフムト二世が創設した西洋式の常備軍団。プロイセンから軍事顧問をまねき近代的な軍隊の編成をめざした。名称は保守派の抵抗に配慮したものと考えられる。

め上陸し、教会へ行く許可を求めた。カプダン・パシャはこれを許し、そのため艦隊は三日間その地に投錨しなくてはならなかった。さらに礼拝に行ったまま姿を消し、ついに艦に戻ってこなかった者まででる始末だった。カプダン・パシャはイスタンブルに帰還後、大宰相に上申書を提出し、このような不都合を生じさせないために、キリスト教徒の乗組員たちが艦内で礼拝をおこなえるように司祭を乗艦させてはどうかと提案した。

驚くべきことは、この上申書のなかで、こうしたやり方が以前にもおこなわれており、ギリシア独立でルームを一時艦隊任務からはずしたさいにこれも廃止された、と語られていることである。ムスリムの集団礼拝を指導する艦隊付イマーム(五〇頁参照)についてはよく知られているが、キリスト教の聖職者を軍艦に乗せていたなどということがはたしてありえただろうか。にわかには信じがたい。前例の有無については今後の検証を待つことにしたいが、少なくとも一八四七年のケースでは、大宰相は投錨中に司祭をまねいて礼拝をおこなうことを認めている。

ただし、航海中の軍艦に乗り組ませることの是非については、シャリーアにかかわることであると、シェイヒュルイスラーム▲の判断をあおいでいる。その答えは当然「否」であった。つまり、そのような行為は教会の新設を意味し、シャリーアはこれを許さないというのである。軍艦にキリスト教の聖職者を乗せるという提案は、結局実現するにはいたらなかったものの、「ジハード(聖戦)」に赴くべきイスラームの海軍が、異教徒にたいして示したこの破格の譲歩は、当時のオスマン艦隊におけるルームの重要性を物語るものといえよう。

ギュルハネ勅令

一八三九年に発布されたギュルハネ勅令により、オスマン政府は「全臣民の法のもとの平等」を内外に表明したが、これは建国以来五〇〇年あまり続いてきたシャリーアにもとづく統治のあり方を根本から改めるものであった。オスマン支配下の非ムスリム(キリスト教徒やユダヤ教徒)は、スルタンへの忠誠と引き替えに自らの信仰を守ることが認められたが、それはあくまでも一定の制約のもとでのことであった。例えば、ムスリムには課されないジズヤという人頭税の支払い、服装の規制、ムスリムへの布教の禁止などが定められた。帝国

▼**シェイヒュルイスラーム**　オスマン帝国でウラマー(イスラーム法学者)の最高位にある者。そのフェトヴァ(法学上の見解)は絶対的な権威をもち、スルタンであってもこれに従うべきとされた。

の支配エリートである軍人・官僚層は原則としてムスリムによって占められ、非ムスリムはいわば二等国民的な扱いを受けていたといえる。ギュルハネ勅令は、こうした差別の撤廃を意味していた。その背景にはエジプト問題があった。

十九世紀初頭、ギリシアと同様にオスマン帝国のなかからあらわれ、やがて自立し、ライバルとして立ちふさがった者こそ、エジプトのムハンマド・アリーであった。その勢いはシリアを扼(やく)しアナトリアの深奥部をも脅かした。この危機を乗りこえるために、オスマン政府は西欧列強の力に頼ろうとした。このころ列強は、オスマン帝国内キリスト教徒諸民族のあいだでくすぶりはじめたナショナリズムを背後から後押しすることで、彼らへの影響力を強めようとしていた。そのために、事あるごとに「キリスト教徒の保護者」と称して内政干渉を繰り返していたのである。前述のシャリーアにもとづくムスリムと非ムスリムのあいだの不平等は、彼らに格好の口実を与えてきた。

ギュルハネ勅令は、西欧諸国、とくにリベラル派のイギリス、フランスにたいして、オスマン帝国が自発的に改革の意志を表明し、彼らの共感をえてエジプト問題を有利に解決したいとする意図の現れであった。タンズィマートと呼ばれる改革の時代は、こうして外圧によって幕をあけたのである。ところが、「全臣民の法のもとの平等」という理念は、それを実行する段になると大きな壁にぶつかることになる。その一つが徴兵制の問題であった。

タンズィマート以前のオスマン帝国における徴兵制度は、じつに粗暴で過酷なものだった。非ムスリムはジズヤを支払うかわりに兵役を免除されていた。一方、ムスリムにたいしては、未婚・既婚を問わず地方で若者を手当たり次第に連行して拘束し、定員に達したところで首都へ移送して陸・海軍に編入していたのである。一度兵役についた者はいつ除隊になるのかまったくわからなかった。運の悪い者は一生逃れることができなかった。

ギュルハネ勅令は権利と同様に義務の平等もうたっており、帝国臣民の責務として重要なものの一つに兵役があげられていた。改革された徴兵制度▲では、兵役年限を五年と定め、ムスリムと非ムスリムとを区別せず、志願者のほかは抽選方式を採用するものとした。ここにはじめて非ムスリムにも兵役義務が生じたのである。もっとも、前章で述べたように、海軍では以前から数多くのルームを中心とする非ムスリムが任用されていた。それがタンズィマートを境

▼**新しい徴兵制度**　二十歳になった若者のなかから、地域ごとに広さや人口に応じて適切な人数を割り当て、一家族から一人以内、一人息子は除外するとも定められた。

にどのように変化したのかを知るために、海軍における非ムスリムの徴募の実態を追ってみることにする。

非ムスリムの徴兵

一八二九年のギリシア独立以後、ルームの任用の是非をめぐって、政府・陸軍と海軍とのあいだでしばしば意見が対立した。その結果、ルームが一時海軍造船所・艦隊から退けられたこともあった。一八三五年、海軍のために一〇九八名の非ムスリムが登録されているが、徴発された地域をみると、スィヴァス、アマスィヤ、エルズルム、トカト、ヴァン、アンカラ、ネヴシェヒルといったアナトリア内陸部の諸県で、ルーム人口の多い沿岸部は含まれていない。翌一八三六年は非ムスリムからの海軍兵士の徴募はなく、三七年にふたたび一四九一名の非ムスリムが登録されている。このときはマルマラ海、エーゲ海、黒海の沿岸部、島嶼部が対象となった。徴募地域にみられるこの変化は、内陸部からでは海軍の求める人材を確保することができなかったことを示している。

海軍のルームの人材への執着は、一八三七年に出された非ムスリムの徴発にかんする命令書によくあらわれている。そこでは造船所で続々と建造されつつある軍艦の艤装・運航に数多くの人材が必要であるとし、海軍兵士の徴募についてつぎのように指示している。

まずムスリムについては、黒海東部のトラブゾン、ジャーニク両県の沿岸地帯、エーゲ海方面では昔から海軍造船所・工廠にゆかりのあるガリポリ県、ミディッリ県から適当な人数を徴募する。つぎに非ムスリム(史料上は「レアーヤー▲」と表現されている)にかんしては、黒海沿岸のムスリムの場合と同じ地域、ヒュダーヴェンディギャール州▲および首都圏の島々、すなわちマルマラ海域から「以前雇用していたように一五〇〇人のレアーヤーを調達する」。そして、徴募指定地域に居住する非ムスリムのほとんどがルームであることを考慮し、まずはすべてルームのなかから選択し、定員に満たない場合にかぎり、アルメニア教徒、カトリック教徒を加えるとしている。さらにルームには、「オスマン海軍の一員として帝国軍艦に乗り組むことから、忠誠を失うことのないよう、ほかの非ムスリムよりも優遇する」として、兵役期間を五年と定め、期間満了後は完全に解放し帰郷を許す、任用中はジズヤを免じ、給与・食事・衣服は正

▼レアーヤー　オスマン帝国では支配階層を「アスケリ」、被支配階層を「レアーヤー」と呼んだが、のちにレアーヤーは、非ムスリムを指す言葉として用いられるようになった。

▼ヒュダーヴェンディギャール州　オスマン国家の最初の都ブルサを中心とするイスタンブルに隣接する州。マルマラ海に面し、ムダンヤ、バンドゥルマなどの重要港をかかえる。

規兵と同様に支給するといった優遇措置まで用意している。

さきにみた艦隊付神父の問題とあわせて、オスマン海軍は彼らを不可欠な人材とみなし、その忠誠心をつなぎとめることに腐心していたようすがうかがえる。しかし、このあと一八四五年まで非ムスリムから海軍兵士を徴発した記録はない。このことは、海軍の思惑とは別に、ギリシアの独立によってオスマン政府に芽生えたルームへの不信感がいかに根強いものであったのかを物語る。一方、徴兵される側のルームにとっても、兵役が義務づけられたことは重大事であった。

ルームの徴兵拒否事件

ギュルハネ勅令で約束された徴兵制度の改革が具体的なかたちをとるまでには、しばらく時間が必要だった。ようやくヒジュラ暦一二六七(一八五〇／五一)年から抽選方式による徴兵制度が実施されることとなった。この制度はムスリム同様非ムスリムにも適用された。これまでジズヤを支払うかわりに兵役を免除されていた非ムスリムにとっては、突如重い負担がのしかかってきたのである。しかも、公職への採用、教育機会の均等など、勅令にうたわれた「法のもとの平等」によってえられるはずの利益を、いまだ実感できないでいる時期でもあったため、帝国内各地で非ムスリムの徴兵拒否事件が続発した。政府は彼らの要求を認めず強権を発動したので、衝突が起こり、極端な場合は反乱にまで拡大した。こうした風潮のなかで、これまで海軍に人材を提供してきた実績のあるルームの場合、新しい方式はどのように受け止められたのだろう。

バルカンのケスリエ県をはじめとするいくつかの郡や県で起きた抽選拒否事件は、政府、海軍、ルーム、それぞれの思惑を浮彫りにするものだった。新方式の採用から二年、これらの地域の人びとは、抽選によって海軍に兵士を提供するよう迫られながら拒みつづけていた。彼らは自分たちの土地が不毛で、若者の出稼ぎによってようやく生計を立てているとし、こうした事情を考慮せず機械的に抽選をおこなえば、該当者は逃散し、村は荒廃してしまうと訴えた。徴兵には頑として応じようとはしなかったのである。

ルームにとって新方式には二つの面で問題があった。一つは、これまでの海軍からの徴募では、ルームのミッレトの長(ギリシア正教の指導者)に人選が任

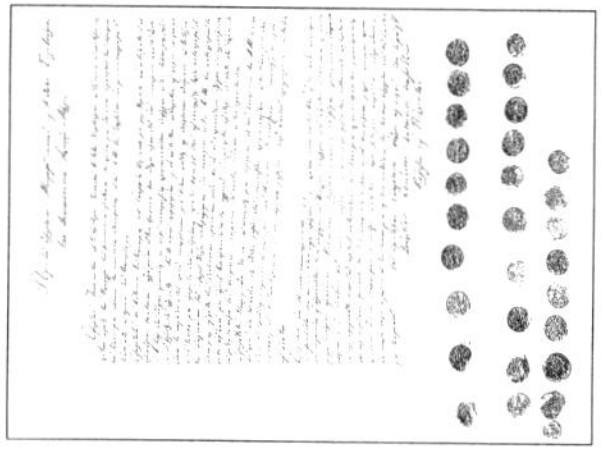

ルームの嘆願書　バルカンのマナストゥル県下の五つの郡からの連名の嘆願書。ギリシア語で書かれ、オスマン語の印鑑が押されている。

非ムスリム海軍兵士の徴募

年	徴募人数	徴発実数	不足数
1835/36	1098		
1837/38	1491		
1845/46	142		
1846/47	1156	834	322
1850/51	600	395	205

されていた。ルーム社会の事情につうじた彼らは、海に慣れ親しんだ者、海軍で働くことを希望する者を中心に送り込んでいたのである。ところが、平等の名のもとにおこなわれる抽選では、ケスリエ県のような内陸の貧しい村の若者までもが対象とされてしまうということ。もう一つは、義務としての兵役ではこれまでのような優遇措置が期待できないことであった。

ルームの徴兵拒否は海軍に深刻な影響をおよぼした。非ムスリムの徴募に欠員を生じるようになったのである(上表参照)。そこで海軍は政府にたいして、抽選の実施を見送り、これまでどおり人選をミッレトの長に任せる、従来予備役に編入していた軍役期間終了者を今後は完全に退役させる、ジズヤの免除は退役後も終身有効とする、といった条件で彼らを慰撫(いぶ)することを提案した。政府は、抽選の実施は本人たちが納得するまで延期し、従来方式で徴兵するとしたものの、予備役編入の廃止とジズヤの終身免除についてはこれを認めなかった。

タンズィマートの新しい徴兵制度は、海軍側にとっても非ムスリム側にとっても、決して都合のよいものではなかった。これまでは役に立つ者を賃金を払って雇用するという任意性の強いシステムであったものが、いまや義務として強制され、任務への適性も問われないため、ルームの反発をまねくと同時に、海軍にとっても質量ともに要求を充足することができなくなったのである。それに比べて、政府は問題の深刻さをあまり理解していなかったようにみえる。海とは無縁の官僚や陸軍出身者で構成される閣僚たちにとって、徴用される兵士の質は考慮の外であったようだ。

ムスリム海軍兵士の増加

新徴兵制度の影響は、たんに非ムスリムにあらわれただけではなかった。ムスリムからの徴兵にも問題がでてきたのである。オスマン帝国末期、スルタン・アブデュルハミト二世のパン・イスラーム主義政策のもとで、海軍の非ムスリムへの依存度は急速に低下していった。一八九六年の史料では、造船所・工廠で働く非ムスリムの数はわずか三七人(ルーム一五人、アルメニア人二二人)にすぎなかった。また、徴兵によって補充される新兵もムスリムが多数を占めるようになった。

▼イマーム　イスラームにおいて集団礼拝の指導をおこなう者を指す。オスマン帝国では「イルミエ(イスラーム知識人)」階層としてのウラマーがこの任にあたった。

▼ラマダーン月　ヒジュラ暦(イスラーム暦)の第九番目の月。ムスリムはこの月のあいだ断食をおこなうので、断食月ともいう。ラマダーン月に断食と礼拝をおこなうと贖罪になるとされる。ムスリムにとって巡礼月とともに神聖な月である。

▼礼拝　ムスリムの信仰上の義務である五行の一つに一日五回の礼拝がある。礼拝の時は、夜明け、正午、午後、日没、夜半である。

それにともない艦隊のイスラーム色が強まった。この傾向は海軍が大宰相へ送った上申書の内容から読み取ることができる。例えば艦隊付イマームの増員と昇給(一八七三年)、海軍兵学校でラマダーン月に宗教の授業をおこなうこと(七四年)、海軍兵士の礼拝の励行(八一年)、艦上での日に五回の礼拝時に唱える章句の選定(八六年)などといった件で上申がなされているのである。しかし、これらはおそらくスルタンのイスラーム主義政策に同調しただけのことであり、海軍にとってそれほど重大なことではなかった。それよりも、ムスリム兵士の増加はもっと切実な問題をかかえていた。

新制度によって徴兵されたアナトリアのムスリム農民、遊牧民の多くは、海を見たこともない連中であった。ところが当時オスマン帝国のおかれていた緊迫した情勢のもとでは、陸・海軍ともに新兵に十分な教練をほどこす時間的余裕がなかった。召集されたばかりでほとんどなんの訓練も受けていない若者たちは、はじめて乗せられた軍艦のなかで激しく船酔いし、とうてい使いものにならなかった。

海軍は大宰相に、「海軍の新兵は沿岸民から徴発してほしい」と繰り返し訴えた。一八四五年、七〇年、八二年、一九一二年に書かれた上申書が残っているが、これは、十九世紀中葉から二十世紀初頭までの長いあいだにわたって、海軍が絶えずこの問題に悩まされていたことを物語っている。とくにバルカン戦争▲直前の一九一二年の上申書は、「海岸線から一五キロ以内に居住するすべての徴兵適齢者は海軍に提供される」と徴兵令に明記されているとして、これを実行せよと迫っているのである。

このように、伝統的に非ムスリムの任用に柔軟な姿勢をとってきた海軍であったが、十九世紀以後ナショナリズムの高揚と非ムスリム諸民族のあいつぐ離反、そして、アブデュルハミト二世のイスラーム主義政策によって、その方針を変更せざるをえなくなった。一九一二年の段階で、海軍は非ムスリム兵士の割合が五%をこえることは適当ではないとしながらも、諸般の事情によりやむをえず一五%まで認めており、新たな徴募では二五%にのぼると、非ムスリム離れの難しさを語っている。人材の空白をにわかにはうめられなかったことが、オスマン帝国末期の海軍の衰退の大きな要因となったといえよう。

▼バルカン戦争　二度にわたって起きたオスマン帝国とバルカン諸国との戦争。第一次(一九一二〜一三年)は、マケドニアの自立をめぐって、ブルガリア、セルビア、ギリシア、モンテネグロが同盟して宣戦。オスマン帝国は敗れてバルカン領土の大半を失った。第二次(一九一三年)は、割譲された領土の配分をめぐってブルガリアとほかの国々が対立。オスマン帝国も反ブルガリア側について参戦。ブカレスト条約でマケドニアの分割がおこなわれた。

④―アブデュルハミト二世の時代

オスマン主義からイスラーム主義へ

十九世紀に吹き荒れたナショナリズムの嵐は、さまざまな民族・宗教集団から成るオスマン帝国を解体の危機に追い込もうとしていた。タンズィマート時代を牽引したエリート官僚や知識人たちは、老大国の延命の処方箋を「オスマン主義」に見出した。「オスマン主義」とは、オスマン帝国民は民族・宗教の違いをこえて、「オスマン人」として一つになるべきであるとする考え方である。つまり、「オスマン人」という仮想のアイデンティティをつくりだすことによって、ナショナリズムに対抗しようとしたのである。こうしたイデオロギーを掲げる人びとは「新オスマン人▲」と呼ばれた。しかし、バルカンのキリスト教徒の反乱はますます拡大していった。露土戦争(一八七七～七八年)の敗北とその結果としての領土喪失によって、帝国内のキリスト教徒人口は大幅に減少し、オスマン主義の限界はだれの目にも明らかとなった。

アブデュルハミト二世の登場は一つの時代の終わりを意味していたといえる。

アブデュルハミト二世

▼新オスマン人　一八六〇年代なかごろからオスマン帝国で立憲運動を展開したナームク・ケマル(一八四〇～八八)に代表される知識人、官僚、政治家グループの総称。

▼ベルリン条約　一八七八年、露土戦争に勝利したロシアがサン・ステファノ条約でバルカンに大きな足がかりを築いたことに西欧諸国が反発。ビスマルクが調停役となって国際会議を開き、結ばれた条約。ギリシアはクレタ、テッサリア、エピルスの領有を要求したが却下された。

スルタンが立憲制を停止し、その専制政治のもとで言論の自由が失われたことにより、長いタンズィマート期をつうじて少しずつ浸透しつつあった「自由」「人権」といったヨーロッパ近代思想の潮流は地下にもぐることとなった。表面上はイスラームの伝統が復活したかにみえ、時代はオスマン主義からイスラーム主義へと移っていくのである。

ベルリン条約▲(一八七八年)でバルカン領土を大幅に喪失し、フランスのチュニジア占領▲(八一年)、イギリスのエジプト占領▲(八二年)によって北アフリカからも退いたオスマン帝国にとって、アジア側領土の重要性はかつてないほど大きなものとなった。そこはムスリムの土地であり、本領アナトリア以外はアラブの地でもあった。しかし、このときアラブもまたナショナリズムに目覚めつつあった。背後にはインドへの道を確保するために、この地域に強い関心をもつイギリスの存在があった。そこで、アブデュルハミト二世は、国内ムスリムの掌握と対英外交戦略の両面から「パン・イスラーム主義運動▲」に注目する。

当時インド・中央アジアといったオスマン帝国外のムスリムのあいだにもカリフへの信奉がみられ、自国の植民地にムスリムを多数かかえる列強、とくに

▼チュニジア占領　チュニジアの宗主権はベルリン条約でオスマン帝国にあることが確認されていたにもかかわらず、一八八一年フランスはアルジェリアの国境を侵犯されたという口実で侵攻し、これを占領。保護領とした。

▼エジプト占領　スエズ運河開通後エジプトの支配を望むイギリスは、オラービーらの民族運動を鎮圧することを口実に軍隊を派遣し、一八八二年エジプトを実質的な保護国とした。

▼パン・イスラーム主義運動　パン・イスラーム主義とはイスラーム世界の団結と統一を提唱する思想で、十九世紀後半アフガーニー(一八三八／九～九七)はこれを反帝国主義運動のイデオロギーとして用い、エジプトのオラービーらの民族運動やイランのタバコ・ボイコット運動(一八九一～九二年)などに多大の影響をおよぼした。

イギリスはこれに神経をとがらせていた。アブデュルハミト二世は、「イスラームの連帯が続くかぎり、イギリス、フランス、オランダはわが手中にある。なぜなら、彼らの支配下にあるムスリム国家において、ジハードを起こすのはカリフの一言で十分なのだから」と述べている。彼はカリフの地位を列強にたいする外交カードとして利用しようと考えていた。

ところがオスマン帝国領アラブ地域では、オスマン朝カリフの正当性に異議を唱え、アラブのなかで預言者ムハンマドの後裔から「正統な」カリフを擁立しようとする動きがみられた。これはスルタンにとって容易ならざる事態であった。こうした時期に、オスマン朝カリフの権威やその影響力を内外にアピールすることは、政治的に重要な意味をもっていた。

▼オスマン・パシャ（一八五八〜九〇）　司令官に任命されたオスマン大佐（のちに少将に昇進しパシャとなる）は、露土戦争の英雄オスマン・パシャを祖父に、父や兄弟も海軍提督という名門の家系に生まれた。時の海軍大臣ハサン・ヒュスニュ・パシャの娘と結婚。在外経験があり、英語、フランス語に堪能であることが、選任の理由とされた。

エルトゥールル号の悲劇

一八八九年七月アブデュルハミト二世は、明治天皇への親書をたずさえた特使オスマン・パシャ▲を司令官に、海軍の練習艦エルトゥールル号▲を日本へと送り出した。同艦は航海中数々の困難にあいながらも、翌一八九〇年六月日本に到着する。しかし、不運にもこの軍艦は帰途、同年九月十六日、和歌山県樫野崎沖で台風による暴風雨のため座礁、沈没し、オスマン・パシャ以下六〇〇余名の犠牲者を出した。生存者はわずか六九名であった。日本側は遠来の客人の災難を悼み、遭難者の救援と慰霊につくした。現場近くの大島村の人びとは、嵐の最中浜辺にたどり着いた「異人」たちに驚いたが、貧しいなかから食料や着物を惜しげもなく提供した。

事故の報が伝わると明治天皇も心を痛め、日本政府としてできるだけのことをするよう指示したという。国民もだまってはいなかった。全国から義捐金が寄せられ、生存者は日本海軍の軍艦「比叡」「金剛」によってイスタンブルへ送り届けられた。のちに慰霊碑も建立▲され、今日にいたるまで毎年鎮魂の式典がおこなわれている。そして、このエルトゥールル号の物語は、日本とトルコの交流の歴史の始まり、両国の友好のシンボルとして語り継がれていくことになる。

ところで、アブデュルハミト二世はなぜ、当時まだ国交のなかった日本へ軍艦を送ったのだろう。極東までの遠洋航海は当時のオスマン海軍には荷が勝ち

▼エルトゥールル号　一八六四年建造の木造フリゲート艦。全長七六・二メートル、幅一五・一メートル、排水量二三三四トン、速度一〇ノット。イスタンブルの造船所で建造され一八六三年に進水。一八六四～六五年にロンドンに回航、機関、ボイラーの設置がおこなわれた。一八八五年に一度改装・修理がなされている。

▼慰霊碑の建立　最初の慰霊碑は一八九一年に建てられた。一九二九年日土貿易協会が弔魂碑を建立、昭和天皇の行幸があった。一九三七年にはトルコ側による碑も完成した。

すぎると、この計画の実現性をあやぶみ派遣に反対する声も多かったという。にもかかわらずスルタンは命令を撤回しようとしなかった。彼が極東への軍艦派遣に固執したのはなぜか。エルトゥールル号派遣の公式の目的は、明治天皇への答礼と海軍の航海演習であった。しかし、彼の本意は別のところにあったといわれている。それはパン・イスラーム主義のプロパガンダにほかならない。

一八八九年七月十四日、エルトゥールル号はイスタンブルを出航した。当初は四月初旬の出発を予定していたが、二度にわたって延期されたすえのことであった。その理由は、木造の老朽艦エルトゥールル号では極東までの遠洋航海にはたえられないとする専門家の声を無視できなかったためである。しかし、同艦を選定し、いったん勅許まで受けた海軍は、スルタンの不興を買うことを恐れ、安全を証明する技術調査報告書を作成し、さらには司令官に海軍大臣の娘婿オスマン大佐を任命することによって反対意見を退け、ついに派遣を強行する。しかし、人びとの危惧はすぐに現実のものとなる。

エルトゥールル号は出航後わずか二週間目の七月二十七、二十八日、スエズ運河を通過中に二度にわたって事故▲を起こし、舵と舵軸を損傷してしまったの

▼スエズ運河での事故　エルトゥールル号はスエズ運河を通過中に砂に乗り上げ立ち往生する。翌日脱するが、その日のうちに今度は、対向船に進路をゆずろうとして岸に接触し、舵を折ってしまった。

●——エルトゥールル号

●——エルトゥールル号の遭難現場

●——エルトゥールル号の航路

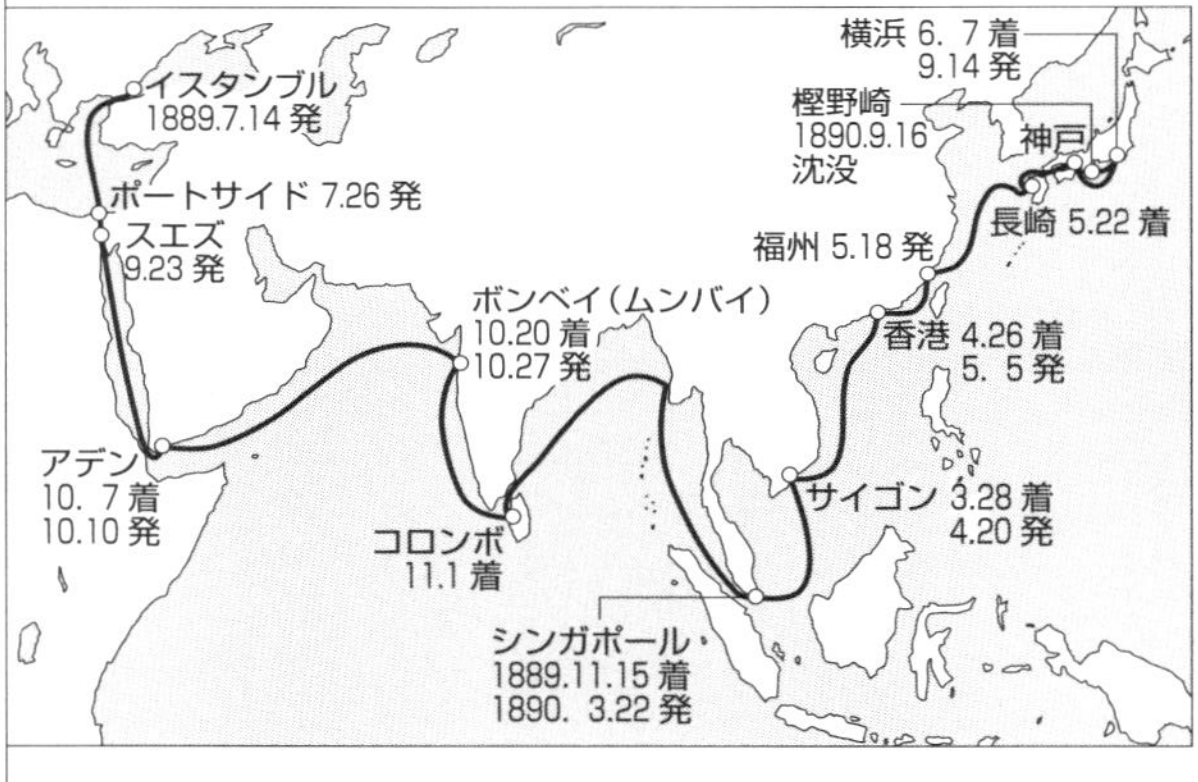

である。修理に二カ月も費やしたあと、ふたたび錨をあげたのは九月二十三日のことである。その後はジェッダ、アデン、ボンベイ（ムンバイ）、コロンボに寄港し、十一月十五日、ようやくシンガポールに到着した。しかし、当初の航海日程を大幅に超過していた。極東へ向かうのに都合のよい季節風はすでにやみ、機関航行のための石炭も底をついてしまった。海軍は航海をここで断念し、日本への使節は外国船で送る許可を宮廷に願い出た。しかし、スルタンはこれを黙殺する。結局、本国からの送金と順風とを待つこととなり、一八九〇年三月二十二日まで四カ月あまりにわたってシンガポールに停泊しつづけた。この間イギリス系の現地紙、シンガポールの『フリー・プレス』、コロンボの『セイロン・オブザーバー』は、オスマン帝国軍艦の性能上の欠陥や資金不足について書き立て、スルタンの神経を逆なでした。

一八九〇年六月七日、エルトゥールル号はついに横浜に到着する。本国をでて以来一一カ月が経過していた。六月十三日、特使オスマン・パシャは明治天皇に拝謁してスルタンの親書と勲章を奉呈した。しかし、大役をはたしたエルトゥールル号には往路以上に過酷な運命が待ち受けていた。当時極東で猛威をふるっていたコレラ禍に巻き込まれ、数人の死者を出したうえ、検疫所に隔離されてしまうのである。この間、長期滞在によって外国紙の中傷報道をまねくことを懸念する本国からは、何度も帰国命令が伝えられた。九月にはいってようやく出航のめどが立つものの、あいにく台風が接近しつつあった。エルトゥールル号の性能を知る日本側は、言葉をつくして出航を延期するよう説得するが、オスマン・パシャは勅令がくだっていると頑として聞き入れなかった。その結果多くの人命が失われたのである。

一方イスタンブルでは、この悲報が伝えられるとただちに厳重な報道管制が敷かれた。エルトゥールル号の航海は西欧列強の植民地支配下におかれたインド、東南アジア地域のムスリムに希望を与え、遠く日本海域にまで栄光のオスマンの旗をなびかせた偉業であったと讃えられた。したがって犠牲者は「イスラームの殉教者」とみなされた。遺族にたいする弔慰金の募金活動が新聞紙上で大々的におこなわれ、スルタンをはじめ、政府高官、海軍関係者はもとより、多くの篤志家が寄付を申し出た。その一方で、派遣を強行したスルタンと海軍にたいする批判は完全に封じ込められた。この事件は、アブデュルハミト二世の失脚後、その専制がもたらした災厄の事例として語られることになる。たしかに多くの犠牲者を出した結果からみれば、エルトゥールル号のミッションは失敗であった。しかし、その目的がパン・イスラーム主義のプロパガンダにあったとすれば、ある程度の成果をあげたと評価することができる。

エルトゥールル号の立ち寄った港をあげていくと、スエズ、アデン、ボンベイ（ムンバイ）、コロンボ、シンガポールと、いずれもパン・イスラーム主義プロパガンダに効果的な場所である。遭難にかんする公式発表で、いみじくも海軍が指摘しているように、実際に、「全ムスリムの信仰の長であるカリフ」をいただき、しかも、イスラーム世界にわずかに残された独立国家であるオスマン帝国の旗を掲げた軍艦が、自分たちの港にあらわれたのを見た現地のムスリム民衆は、熱狂的に歓迎した。そしてそのようすは現地の新聞に逐一報道され、それが『海軍公報』▲やイスタンブルの各紙をつうじて本国のムスリムたちにも伝えられた。つまりカリフの権威が決して実態のないものではないのだということを、帝国内外のムスリムに、さらにまたイギリスをはじめとする列強にも示すことができたのである。スルタンはこれだけでも十分その目的を達し

▼『海軍公報』　一八八九年創刊の海軍の公報雑誌。月二回発行。オスマン海軍の動向、人事異動などのほか、外国の海軍にかんする情報なども掲載された。

たといえよう。

アブデュルハミト二世と海軍

　エルトゥールル号事件で海軍は、スルタンの外交戦略の道具とされ、なけなしの軍艦と貴重な将兵を失った犠牲者なのだろうか。そうではあるまい。真に責任を問われるべきは海軍なのである。たしかに軍艦の沈没の直接の原因は台風にあるので天災といえようが、事件の構造全体からみればこれは人災にほかならない。エルトゥールル号が遠洋航海にたえない老朽艦であると知りながら、この事実を否定して計画を強行したのだから。なぜ海軍はスルタンに真実を伝えなかったのか。この謎を解く鍵は当時彼らがおかれていた状況にある。

　アブデュルハミト二世は露土戦争(一八七七〜七八年)の敗北後、艦隊の主力艦をイスタンブルの金角湾に係留したまま演習航海すらさせずに放置していた。活動を停止した軍艦は、メンテナンスもおざなりのまま、装備はさびつき、将校・兵士の士気も低下する一方だった。こうした状態がギリシアとの開戦直前(一八九七年)まで続いた。一八九一年にエルトゥールル号の生存者を送り届け

▼ボズジャアダル・ハサン・ヒュスニュ・パシャ（一八三二〜一九〇三、在任一八八〇〜一九〇三）　ボズジャアダ出身の海軍提督の子。二三年の長期にわたって海軍大臣の地位にあった。アブデュルハミト二世の厚い信頼をえたが、金銭欲が強く、陰謀家であったともいわれる。

▼アブデュルアズィーズ廃位のクーデタ　スルタンは反専制、立憲運動を厳しく弾圧したが、ついに一八七六年、学生のデモを機に陸・海軍が宮殿を包囲し、シェイヒュルイスラームによる廃位のフェトヴァ（四一頁参照）によって退位に追い込まれた。

た日本海軍の将校は、「トルコの海軍はほとんど死してただその名あるのみ……腐敗して実用に適せず」と書き残している。

当時のオスマン海軍の記録によれば、保有艦のなかで日本派遣の任務に適した軍艦は四隻しかなく、うち一隻は修理中で、エルトゥールル号はむしろもっとも新しい時期に改装された軍艦だった（五五頁参照）。つまり海軍は、同艦で強行するかスルタンの熱望する計画を中止するか、どちらかを選ばざるをえなかったことになる。それを決める最高責任者、すなわち海軍大臣ボズジャアダル・ハサン・ヒュスニュ・パシャは、宮廷への追従と収賄に熱心だといわれていた。そうした人物に適切な判断をくだすことが望めただろうか。

アブデュルハミト二世が艦隊を封鎖した理由として、伯父アブデュルアズィーズ廃位のクーデタにはたした海軍の役割を恐れたというのは俗説であろう。実際には二つの理由が考えられる。一つは、オスマン帝国の国家財政の破綻が海軍予算の縮小をよぎなくしたこと。もう一つは、イギリスとの関係悪化が海軍の人材、技術両面にダメージを与えたことである。アブデュルハミト二世はつぎのように語っている。「露土戦争は、艦隊が数の優勢にもかかわらず、なんの役にも立たないことを立証した。わが軍艦のほとんどにイギリス人機関長がいた、つまり艦隊はイギリスの手にあったということだ。……役に立たず有害なだけの艦隊をもつ必要はない。私はこれを金角湾につないだ」と。

当時のオスマン艦隊は、アブデュルアズィーズが巨費を投じ、イギリスの協力によってつくりあげたものだった。したがって国家が破産し、イギリスとの関係が冷え切った今となっては、スルタンにとって無用の長物と化したのである。エルトゥールル号の悲劇はオスマン海軍の「冬の時代」へのプロローグでもあったのである。

経済的植民地化の進行

十九世紀後半、蒸気船時代の到来、通信分野における技術の進歩によって、海上交通のスピードと安全性は飛躍的に向上した。さらに、スエズ運河の開通▲によりアジアへの海上路が大幅に短縮された。「交通革命」という言葉が示すように、世界の歴史は大きく変わろうとしていた。帝国主義時代の幕開けである。経済活動や軍事行動において制海権は極めて重要な意味をもつようになり、

▼スエズ運河の開通　フランス人技師レセップスによって一八六九年に開通。スエズ運河株式会社の株の大半はムハンマド・アリー朝のエジプトとフランスが持ち合っていたが、七五年エジプトは財政難から持株を売却。これを入手したイギリスは運河の支配権をほぼ手中にする。

▼**オスマン債務管理局**　イギリス、フランス、ドイツ、イタリア、オランダ、オーストリア゠ハンガリーの六カ国とオスマン銀行の代表から成る委員会と五〇〇〇名あまりの職員を擁する大組織。

列強はこれを確保しようと、海軍力の増強にしのぎを削りはじめた。同時に蒸気機関、鋼鉄製の装甲、新型の艦載砲にみられる急速な技術の進歩は、軍艦の建造コストを前時代とは比較にならないほど高価なものにしていった。つまり海軍力は、以前にもましてそれを保有する国家の経済力に左右されるようになったといえよう。

オスマン帝国の国家財政は十八世紀から十九世紀にかけて悪化の一途をたどった。領土の喪失、軍事費の増大、宮廷の奢侈（しゃし）、官僚制の腐敗、徴税請負制などによる税収の減少など、その要因をあげればきりがなく、これを立て直すことはもはや不可能と思われた。そして一八五四年、クリミア戦争の戦費をまかなう目的ではじめて外債に手を染めると、あとはなしくずし的に外国からの借款を繰り返した。その金額はまたたくまに膨れ上がり、ついに一八七五年、利子の支払い不能を宣告し、事実上の国家的破産という不名誉な事態に陥ってしまうのである。

その結果、一八八一年外債の債権国の代表らによって「オスマン債務管理局」▲が設立された。国家財政は彼ら、すなわちヨーロッパ資本の監督下におかれることになった。この機関は、債権回収のために徴税権を行使し、必要に応じてオスマン軍の出動を要請することも認められていた。一九一一年には全国庫収入の三分の一、関税収入だけをとってみればその大部分が管理局に支払われている。再開された借款の交渉権も彼らが握っていた。すなわち、およそ財政にかんするかぎり、オスマン国家の主権は著しく侵害されていたといえる。その影響は経済全体におよんだ。経済的植民地化ともいうべき事態が進行していたのである。

一八三八年、オスマン帝国がイギリスとのあいだに結んだ通商条約(一四頁参照)は不平等条約にほかならなかった。それは、オスマン政府が自国産業を保護するために設けた障壁を取り除き、帝国市場を真に開放させるためのものだったのである。従来からオスマン帝国と西欧諸国とのあいだには、カピチュレーション▲と呼ばれる協定があり、外国人には治外法権や帝国内における移動、通商の自由などが保障されていた。しかしヨーロッパ資本主義はこれに飽きたらず、さらなる権利の拡大を求めていたのである。条約には、カピチュレーションによるすべての既得権の確認、専売制の廃止、関税率の取決めなどが盛

▼カピチュレーション　外国人にたいして生命・財産の保障、オスマン帝国領内での移動・通商の自由、領事裁判権などを認めた特権。一五六九年セリム二世(一五二四～七四、在位一五六六～七四)がフランス国王に友好のあかしとして授与したものを嚆矢とする。オスマン帝国と西欧との力関係の逆転にともない、不平等条約に転化していった。

アブデュルアズィーズの艦隊

▼**装甲艦**　敵の砲弾から艦体を防護するため甲鉄板を張った軍艦。

▼**コルヴェット艦**　主力艦よりやや小型の軍艦。巡洋艦と駆逐艦の中間に位置する軽巡洋艦。

り込まれた。ほぼ同内容の条約が数年のうちにほかの西欧諸国とのあいだにも結ばれた。その結果オスマン帝国は世界経済システムに統合され、原材料の供給地、製品の消費地となっていく。十九世紀末にはオスマン債務管理局の後押しによって、外国資本の進出に拍車がかかり、鉄道、鉱山、港湾、金融、都市のインフラストラクチュアといった基幹産業のほとんどを彼らに押さえられることになった。

汽船時代の到来

国家財政の破綻は海軍にも大きな影響を与えた。それどころかオスマン帝国の破産の引金となったのはじつは海軍だったのである。十九世紀中葉、時のスルタン・アブデュルアズィーズは海軍力の強化に異常なほどの情熱をかたむけた。二世紀前帆船への切替えに遅れをとったオスマン海軍だったが、軍艦の汽走化についてはいち早くこれに着手した。巨費を投じて軍艦を買い集めた結果、オスマン帝国に突如近代的な艦隊が出現した。

その陣容は、装甲艦▲二〇隻、コルヴェット艦▲七隻、輸送船四三隻で、たんに

●—**アブデュルアズィーズ時代の軍艦**
1 装甲フリゲート艦アーサール・デヴフィク、**2** 装甲コルヴェットとイジュラーリーエ、**3** 装甲フリゲート艦メスウーディーエ、**4** 装甲コルヴェット艦アヴニッラー、**5** 装甲コルヴェット艦フフズッラフマーン、**6** 装甲コルヴェット艦ムカッデメイ・ハユル

陸海軍の総国家予算に占める割合（通常予算のみによる比較）

	アブデュル アズィーズ時代		アブデュルハミト2世時代					
財務暦（年） （西暦）	1279 （1863/94）	1280 （64/65）	1305 （89/90）	1306 （90/91）	1307 （91/92）	1308 （92/93）	1309 （93/94）	1310 （94/95）
陸軍（%）	22.7	22.1	28.0	28.1	30.1	28.5	29.1	27.8
海軍（%）	6.6	6.9	3.1	3.1	3.2	3.0	2.9	3.0

出典：小松香織『オスマン帝国の海運と海軍』山川出版社，2002

総トン数と砲門数だけを比較するならば、イギリス、フランスにつぐ世界第三位の勢力を誇った。ただし、大半は外国製の中古艦で、第二章で述べたように機関士や技術者もお雇い外国人であった。つまり自国の人材・技術に立脚したものではなかったのである。しかも軍艦購入のためにおこなった巨額の借款がオスマン国家の財政を窮地に追い込んだ。皮肉なことに、にわか仕立てのこの艦隊がその力を示したのは、スルタン自身を退位に追い込んだクーデタに荷担したときだけであった。

あとをおそって即位したアブデュルハミト二世が、先代スルタンの「玩具」と揶揄された艦隊を無用の長物とみなしたのも無理からぬことであった。まして財政はすでに破綻していたのだから、国家予算に占める海軍の通常予算の割合は、アブデュルアズィーズの時代と比較して半分以下に落ち込んだ（上表参照）。そのため軍艦の建造はおろかメンテナンスのための費用にも事欠くことになったのである。兵士や工員への給与の支払いも滞った。そもそも、この通常予算には軍艦購入・建造などの費用は含まれていなかった。これらは特別予算として別途計上され、前述のような外国からの借款でまかなわれていたからである。その借款もオスマン債務管理局の監督のもとではほとんど期待できない状態であった。

　アブデュルハミト二世の三〇年以上におよぶ治世のあいだ、こうした状況におかれていたことを考慮するならば、第一次世界大戦から祖国解放戦争▲期にかけてのオスマン海軍の働きは、むしろ善戦といわねばならない。海軍は「冬の時代」をいかに生き延びたか。その理由を考えるとき、海運業との関わりに注目しなくてはならない。活動を停止した艦隊にかわって、軍事輸送を担い、海軍の人材育成に貢献したのが「イダーレイ・マフスーサ（特別局）」と呼ばれる汽船会社だったからである。

特別局とオスマン海軍

　特別局とは、現在の「トルコ海運」の前身にあたるオスマン帝国末期の官営海運で、イスタンブル周辺海域と帝国内各地の主要な港へ定期汽船を運航する特権をスルタンから授与されていた。外国汽船に対抗するために、政府の肝いりで設立されたにもかかわらず、特別局は最後までその役割を十分にはたすこ

▼祖国解放戦争　第一次世界大戦に敗れたオスマン帝国は、連合軍による占領とギリシアの侵攻で亡国の危機に瀕していた。ムスタファ・ケマル（アタテュルク）はアナトリアで決起し、大国民議会政府を樹立。激戦のすえギリシア軍を駆逐し、トルコ共和国の独立をかちとった。

とができなかった。国際航路への参入などははじめから望んではいなかったが、国内航路においてさえ、外国汽船進出の防波堤にはなりえなかったのである。フラッグ・キャリア▲たるべき特別局が期待を裏切った結果、オスマン帝国は汽船海運の育成に失敗した。その責めの多くを海軍は負わねばならない。なぜなら、海軍はアブデュルハミト二世時代のほとんどの期間において特別局の経営に直接かかわっていたからである。ここで特別局の歴史を簡単に振り返ってみよう。

　オスマン帝国にとってのはじめての蒸気船は、一八二八年に海軍が購入したイギリス製のスウィフト号だった。その後海軍はさらに数隻を購入し艦隊に加えていく。お雇い外国人の指導で海軍造船所での汽船建造も実現する。一方、一八三〇年代後半になると商業海運分野でも汽船時代の幕が開いた。それは市場開放にともなって西欧諸国からやってきた。外国汽船がイスタンブルや帝国各地の港に続々とあらわれるのを見たオスマン政府は、一刻も早くオスマン帝国の旗を掲げた汽船が運航を開始することを望んだ。しかし、まだ民間にはこの役割を託すことのできる海運会社は存在しなかった。資本も技術も国が準備

▼フラッグ・キャリア　国を代表する船会社を指す。今日では航空会社にも用いられる。

最初の蒸気船スウィフト号

するほかなかったのである。そこで、とりあえず海軍の保有する汽船を使用することになった。海軍と商業汽船との関わりはこうして始まった。

一八四四年に、海軍から汽船二隻が提供され、ボスフォラス海峡とマルマラ海沿岸で定期汽船の運航が始まった。はじめのころは経営を民間人に委託する場合もあり、ボナールというフランス人が支配人を勤めた時期さえあった。船やドックなどを提供しているとはいえ、海軍が直接経営にかかわることはなかった。

一八六〇年代には保有汽船も二〇隻を数え、市民の通勤の足としてイスタンブル港湾内や近隣の島々をめぐる便のほか、マルマラ海沿岸航路、黒海やエーゲ海航路にも定期便を運航するなど、汽船事業は比較的順調に軌道に乗るかにみえた。アブデュルアズィーズ期の末ころには民営化も考慮され、「アズィーズ汽船」という株式会社が誕生しそうになったこともあった。ただし、プロイセン＝フランス戦争▲の影響で内外の投資家が思うように集まらず、資本調達に失敗して計画は挫折してしまう。

一方、このころ海軍にとって海運部門はしだいに重要性をましつつあった。

▼**プロイセン＝フランス戦争**（一八七〇〜七一年）　プロイセンを中心とするドイツとフランスのあいだの戦争。ナポレオン三世はセダンの戦いに敗れて降伏し、第二帝政は崩壊した。フランスはアルザス・ロレーヌの大部分を失った。

特別局の汽船アレッポ号

それが自分たちの手から離れてしまうのをおそれた海軍省は、監督官庁としての権限を徐々に拡大していく。この動きはアブデュルハミト二世期にはいってますます強くなり、一八八八年、ついに特別局を直轄下におくことに成功する。経営のトップには海軍大臣がつき、海軍から大量の人員を送り込むようになる。

特別局の存在は海軍にとってどれほど重要な意味をもっていたのか。アブデュルハミト二世によって主力艦隊が金角湾に放置され、毎年夏季に実施されていた演習航海もおこなわれなくなったため、海軍兵舎は「陸にあがった」海軍兵士であふれかえっていた。さらに技術的な対外自立をめざすことなく、ただ右から左へ外国製の軍艦や大砲を買いつけるだけという政策は、造船所・工廠においても大量の余剰人員を生み出した。海軍は予算の削減のなかでこれらの人員をやしなっていかなければならなかった。さらに、活動の縮小は人件費の問題だけでなく、士官・水兵、技術者・工員から経験を積む場をも奪った。特別局はこうした人びとに活動の場を提供したのである。

特別局で働く海軍士官・水兵の給与とその他諸手当は海軍財政から支出されていたのだが、一八八〇年以降、特別局が負担することになった。こうして海

特別局のカドキョイ船着場

軍は、余剰人員を特別局に出向させることによって人件費を削減することもできるようになったのである。経営会議の役員や監査役といった要職を海軍軍人が占め、局の人事を思うままに動かした。現場においても、稼働中の汽船の船長のうちのかなりの数が現役の海軍士官であった。特別局は海軍にとって人員のはけ口になる一方で、欠員が生じた場合の人材補給源ともなった。海軍は、一八八一年に水兵の数に定員割れが生じたさい、出向中の水兵をただちに引き揚げ、特別局には外部から臨時雇いの水夫を調達するよう命じている。こうした事態に反発し、宮廷に直訴した現場の責任者もいたが、特別局の長官を兼務する海軍大臣によって罷免(ひめん)されてしまった。

軍人経営の弊害

海軍の支配下で、特別局の経営はしだいに悪化していく。保有船舶数こそ公称六〇隻あまりと飛躍的に増加したとはいえ、実際に稼働しているのは二〇隻前後だった。それすらも老朽船が多く、故障や事故を頻発し、安全性に問題があるといわれていた。乗り心地も快適さにはほど遠く、キャビンは不潔で、デッキには幌がないため、夏は暑さに冬は寒さにたえねばならなかった。乗員の接客態度も悪く、苦情があとを絶たなかった。運航はスケジュールどおりにはおこなわれず、とくに遠隔地への便は欠航があいついだ。イスタンブルでは、かの有名なオリエント急行▲の乗客をヨーロッパ側からアジア側へ、またその逆へと運ぶ役割を負っていたにもかかわらず、接続が悪く乗り遅れる乗客が続出する始末だった。こうした状況は改善されることなく、帝国末期には運航可能な汽船はわずか一〇隻程度となってしまった。当然利用者も減り、乗客離れは収入の減少となってはねかえってきた。

さらにもっと深刻な問題があった。イスタンブルの都市交通は特別局の独占運航体制下にあり、一定の収益をもたらしていた。しかし、その他の航路ではそうはいかなかった。マルマラ海沿岸航路は外国汽船との競合でシェアを奪われ利益が減少しつつあり、遠隔航路はつねに赤字だった。それでも官営である以上運航を続けざるをえなかったのである。陸軍の兵員輸送は特別局に課せられた重要な使命であったが、国家の財政難ゆえに、公的輸送の代金の支払いは恒常的に滞っていた。特別局は船賃の前払いを要求したが、陸軍はこれを聞き

▼オリエント急行　パリとイスタンブルとを結ぶ国際列車。一八八七年開通。豪華な寝台車がオリエント趣味の富裕層を引きつけた。さらにアジアへと旅を続けるヨーロッパからの旅客は、シルケジ駅でいったん列車をおり、アジア側のハイダル・パシャ駅まで汽船で海峡を横断しなければならなかった。

ハイダル・パシャ駅　アナトリア鉄道の始発駅。

入れなかった。したがって帳簿上は黒字でも実際は収入がないのと同じで、資金繰りはつねに苦しく、石炭商社に代金不払いで訴訟を起こされたこともあったほどである。

特別局のこうした実態を憂慮し、改革の必要性を痛感していた人びともいた。彼らは、経営不振の原因は海軍の介入にあると考えた。それはおよそ商売とは無縁の軍人たちによる冗漫経営と人事の壟断(ろうだん)を指していた。そして彼らは、海軍の影響力を排除し、経営を抜本的にみなおすためには、特別局を株式会社として民営化する以外に道はないと確信するようになった。こうした意見を掲げ、民営化計画を推進しようと積極的に動いたのが商業・公共事業省であった。同省は特別局を除くほかのすべての海運事業の監督官庁であり、民営化後は新会社を自らの監督下におくつもりであった。しかし、海軍省は民営化を断固として拒絶する。海軍にとって特別局を手放すことは死活問題であったからである。結局民営化はオスマン帝国の終焉(しゅうえん)まで実現することはなかった。

アブデュルハミト二世の退位後、特別局は「オスマン海運局」と名を変え、海軍と切り離されて今度は陸軍の監督下におかれる。その目的は、バルカン戦争など戦時下における軍事輸送の円滑化にあった。オスマン帝国の汽船海運は最後まで民生よりも軍事が優先され、経営が改善されぬまま、フラッグ・キャリアとは名ばかりの事業規模にとどまった。

軍と特別局とのつながりは、たしかに汽船海運の発展を妨げたかもしれない。しかし、見方を変えれば、二つの評価すべき点がある。一つは、オスマン帝国の経済的植民地化にともない、基幹産業がつぎつぎに外国資本に支配されていくなかで、実態はともかく名目上国内最大の汽船事業がこれをまぬかれたということである。実際には特別局の特権航路にも、オスマン政府の抗議を無視した外国汽船が入り込んでいた。しかし、バグダード鉄道▲に代表されるような公式の特権授与はいかなる外国資本にもおこなわれなかったのである。もう一つは、海軍が、数々の批判をあびながらも特別局に人材を送りつづけたことによって、アブデュルハミト二世による主力艦隊封鎖のダメージを軽減できたことである。祖国解放戦争時、オスマン海運局から動員された船舶が、海軍軍人とともに活躍したことは注目に値する。

▼バグダード鉄道　アナトリア鉄道の延長線として、コンヤからバグダード経由でペルシア湾にぬける鉄道。一八九九年にオスマン政府からドイツに敷設権が与えられ、一九〇三年バグダード鉄道会社が設立された。

⑤―地中海艦隊の黄昏

二〇年ぶりの出撃

ギリシアは独立後もロンドン議定書▲(一八三〇年)で定められた国境線に満足せず、テッサリア、エピルス、クレタ島といったギリシア系住民が多数居住する地域の領有を望んでいた。一八九六年、ギリシアは、クレタ島で勃発した反乱▲を支援するため艦隊を派遣した。領土問題をめぐってくすぶりつづけていたオスマン帝国との緊張関係は一気に高まり、とくにバルカンの情勢は一触即発の気配となった。アブデュルハミト二世は、一八七七〜七八年の露土戦争以後、老獪(ろうかい)な外交戦術を駆使して、列強および近隣諸国との武力衝突を回避してきた。しかし、いまやかつての臣民たる「ギリシア人どもの増長ぶり」は、ふたたび武器をとるべきときが近づいたことを告げていた。

もし、ギリシアとのあいだに戦端が開かれた場合、ギリシア本土へ兵員や物資を輸送するためには、エーゲ海のシーレーンの確保は不可欠であった。さらに、もし万一、エーゲ海の制海権を失うようなことになれば、敵が帝都イスタ

▼ロンドン議定書　露土戦争に敗れたオスマン帝国は一八二九年エディルネ条約でギリシアの独立を認めた。翌三〇年、ロンドン会議の議定書でギリシアの独立が正式に承認され、国境線が確定した。

▼クレタ島の反乱　オスマン帝国支配下のクレタ島ではギリシア系農民の反乱がしばしば起こっていた。彼らはギリシアへの帰属を望んでおり、一八九七年ついに内乱状態に陥った。

ンブルを海上から攻撃することは必至とみられた。陸軍だけではこれを阻止しえないことは明らかである。こうして、長いあいだ無用の長物扱いされてきた海軍にもようやく出番がまわってくることになった。

しかし、当時のオスマン海軍には全盛期の面影すらなかった。ギリシアの独立による人材の喪失と二〇年間の活動停止のブランクはあまりにも大きかったのである。彼らに期待された役割とは、せめてダーダネルス海峡を敵の軍艦が通過するのだけは阻止してほしいという程度のものであった。主戦派のパシャたちは、宣戦布告と同時に陸軍が電撃作戦を敢行してギリシア軍を制圧し、短期間で勝利がえられるものと信じていた。

実際結果はそうなった。一八九七年四月ギリシア軍はテッサリア、マケドニア方面からオスマン帝国領内に攻め込み、オスマン軍もこれに応戦して戦端が開かれた。そして勝敗はわずか一カ月で決したのである。オスマン側の完勝だった。しかし、開戦直前には、戦闘が長引いた場合に備えて、海軍にも出撃準備の命令がくだっていた。こうして一八九七年三月十八日、オスマン海軍の主力艦隊は二〇年ぶりに金角湾をでたのである。

装甲艦メスウーディエ、ハミディーエ、オスマーニーエ、アズィズィーエ、コルヴェット艦ネジュミシェヴケト、ヒズベル、および三隻の一級水雷艇から成るオスマン艦隊は、政府高官、外国公使らの注視するなか、イスタンブル民衆の歓呼の声に送られて錨をあげた。しかし、まだ金角湾さえもでないうちに、旗艦メスウーディエの八基のボイラーのうち三基が破裂してしまった。艦隊司令官ハサン・ラーミ・パシャ▲は、事態の深刻さを十分承知のうえで、「最精鋭の軍艦が出航早々に離脱したと知れば、さぞや民衆は落胆し、外国人たちは嘲笑することであろう」と、そのまま前進を続けた。

ハサン・ラーミ・パシャは当時地中海艦隊総司令官の職にあり、時の海軍大臣ボズジャアダル・ハサン・ヒュスニュ・パシャとは犬猿の仲といわれていた。このころすでにオスマン海軍の最高責任者は、数世紀にわたって用いられてきた「カプダン・パシャ」という称号ではなく、いかにも官僚的な「バフリエ・ナーズル(海軍大臣)」と呼ばれるようになっていた。この言葉はオスマン帝国が西欧の省庁制度を取り入れたさい、海軍省という官庁が創設されたのにともなって使われるようになった。しかし、海軍軍人たちの「カプダン・パシャ」

▼**ハサン・ラーミ・パシャ**(一八四二〜一九二三)　サロニカ生まれ。一八九二年に提督に昇進。ハサン・ヒュスニュ・パシャの死後一九〇三年に海軍大臣となる。

という称号への愛着にはたいそう強いものがあり、大臣という呼称が定着するまでにはかなり時間がかかったようである。いずれにせよ、その権力は絶大で、海軍の提督でこの地位に登りつめることを望まぬ者はいなかったであろう。ラーミ・パシャとて例外ではなかった。そのため、長年放置されてきた老朽艦隊を率いるという今回の任務は、ライバル、ハサン・ヒュスニュ・パシャが自分を陥れようと仕組んだ陰謀のようにも思えた。そうであればなおのこと、失態を演じてスルタンの不興を買うようなことがあってはならなかった。

艦隊はどうにかマルマラ海にでて、チャナッカレ▲方面へと向かった。しかし、各艦の速度がまちまちで、舵も正常に機能しないことから、単縦陣をとるのにも二時間がかりだった。各艦がその位置を保てないようでは、秩序だった艦隊行動をとるのは至難の業といわざるをえなかった。そのうえ、乗組員は昨日故郷の村をでてきたような予備役の寄集めで、操艦術などはまったく知らない連中だった。あいにく夜半暴風雨となり、水雷艇を大型装甲艦の風下に退避させようとするが、夜間信号灯の不備のためこれもかなわなかった。彼らがもっていた信号灯とは、当時すでに広く普及していた電気信号灯ではなく、なかにろ

▼**チャナッカレ**　ダーダネルス海峡の出口に位置するアナトリア側の港町。

うそくを立てただけの手動式のものだったのである。

結局コルヴェット艦一隻が行方不明になってしまい、二日後に座礁しているのが発見された。また、一〇年あまりの歳月をかけて海軍造船所で建造したばかりの装甲艦ハミディーエは、出航以来絶え間なく浸水を続けていた。水はついに機関室にまで入り込み、航行に支障をきたしはじめる。そこで、いったん近くの港に停泊し、船底にたまった三〇〇トンの水を四〇〇人の水兵がバケツでくみ出すことになった。ポンプが非力で役に立たず人海戦術に頼らざるをえなかったのである。昼夜ぶっとおしで働いた結果、二〇日がかりでようやく作業は完了した。この間、水兵たちは機関から排出される汚水のためチフスに感染し、つぎつぎに倒れていった。時のスルタン・アブデュルハミトの名を冠した最新艦にしてこの体たらくでは、ほかは推して知るべしであった。

ようやくダーダネルス海峡の出口に達した艦隊は、この地で砲撃演習をおこなった。しかし、その結果もまた悲惨なものだった。わずか数発を発射しただけで、大半が破損してしまったのである。しかも一部は二度と使い物にならないほどの損傷だった。ほとんどの大砲は発射の衝撃で砲座からはずれて吹き飛んだり、砲座がくだけてしまった。ラーミ・パシャらがこの惨状を報告すると、イスタンブルの司令本部は、特別局の汽船に大砲を積み込んで軍艦として送り出してきた。これを見た現地の艦長たちは激怒し、全員が辞表を提出したという。この艦隊に海峡防衛を任せることなく対ギリシア戦争が終結したことは、オスマン帝国にとってまさに「アッラーのご加護」にほかならなかった。

第二次立憲制期

一九〇八年、アブデュルハミト二世は立憲制の復活要求を受諾し、三〇年あまり続いた専制に終止符が打たれた。世にいう「青年トルコ人革命▲」である。翌一九〇九年、反革命勢力の起こした「三月三十一日事件▲」への関与を疑われたアブデュルハミトは退位をよぎなくされる。こうして海軍も長い「冬の時代」からようやくぬけだした。しかし、オスマン帝国にとって崩壊の日は目の前に迫っていた。緊迫するバルカン情勢のもと、黒海ではロシアが、エーゲ海・地中海ではギリシアが着々と艦隊を増強し、シーレーンを脅かしつつあった。

▼青年トルコ人革命　スルタンの専制に反対するエンヴェルら青年将校がサロニカで蜂起し、立憲制を復活させた。運動の母体となった「統一進歩委員会」の活動家たちを西欧メディアは「青年トルコ人」と呼んだ。

▼三月三十一日事件　統一進歩委員会の政策に反対するイスラーム勢力が起こした反乱。サロニカから派遣された「行動軍」によって鎮圧された。蜂起の日一九〇九年四月十三日がオスマン帝国財務暦の三月三十一日にあたることからこう呼ばれる。

　これにたいして、オスマン艦隊の実情はギリシア戦争前夜のようなありさまだった。まず、人がいなかった。指揮を執るべき将校も、その手足となるべき水兵も、実戦はおろか演習の経験すらとぼしかった。商業汽船での経験などは、平時はともかく有事にどこまで通用するのか未知数といわざるをえない。あわててイギリス海軍からダグラス・ガンブル提督をまねいたが、すぐに成果が期待できるわけではなかった。ところで、ガンブル招聘（しょうへい）にはつぎのようなエピソードが伝えられている。彼の赴任を知ったロシアがイギリス政府に抗議した。するとイギリス側は「ご心配なく。われわれはオスマン艦隊を強化したりはしない。ただ適当にあしらっておくのだ」と答えたという。

　一方戦列艦もまた悲惨の一言だった。海にでないばかりか、適切なメンテナンスもほどこされず、なによりもほとんどの軍艦が時代遅れでスクラップ同様であった。それに比べてギリシアは、続々と最新艦を購入していた。とくにイタリアから買ったばかりの最新鋭の巡洋艦は一隻で並の軍艦五隻分以上の威力があるとうわさされていた。オスマン側も対抗上、ぜひともこれに相当する軍艦を手にいれねばならなかった。しかし、国庫は底をついていた。窮状を知って国民が立ち上がった。

一九〇九年七月、「オスマン艦隊国民援護協会▲」が設立され、この組織が中心となって全国民に軍艦購入のための資金カンパを呼びかけたのである。募金運動は大きな反響を巻き起こし、多くの浄財が集められた。かつてタンズィマート期に「新オスマン人」(五二頁参照)たちが西欧から導き入れた「祖国」「愛国心」「国民」意識といった概念が、ようやくオスマン社会にも浸透したということか。さらにまた、このころトルコ人の心に「遅れてきたナショナリズム」が芽生えつつあったこともある。本来オスマン帝国の支配エリートたちに「トルコ人」としての自覚は希薄だった。彼らがトルコ人であることを意識し、そのことにプライドをもつようになるのは、帝国内外の諸民族のあいだでナショナリズム運動が高揚し、帝政ロシアの圧政下にあったトルコ系ムスリムが民族意識に目覚め、ガスプラル・イスマイル▲らが活動を開始した、さらにそのあとからのことである。青年トルコ人政府のトルコ民族主義政策▲は、まさにこうした機運に呼応したものだった。

▼オスマン艦隊国民援護協会　民間の一商人ヤアジュザーデ・シェフィク・ベイが一九〇九年七月十四日に設立した組織。海軍のために募金活動をおこなった。

▼ガスプラル・イスマイル(一八五一〜一九一四)　クリミアのタタール知識人。パン・トルコ主義の指導者。ジャディード運動という教育・文化面の改革運動を起こし、これが中央アジアの各地に広がっていった。

▼トルコ民族主義政策　バルカン領土の喪失やアラブ・ナショナリズムの高揚で、オスマン主義、パン・イスラーム主義は意味をなさなくなり、政府は帝国を維持するためのイデオロギーとしてのトルコ民族主義にかたむいていった。

トルコ国民の海軍へ

　オスマン艦隊国民援護協会が当初購入をめざしていたのは、ギリシアが手にいれたようなドレッドノート級▲の戦艦であった。しかし、適当なものが見つからず、かわりにドイツから、中古ではあるが一万トン級の二隻の装甲艦を購入することにした。いずれも一八九三年に建造されたもので、価格は一隻一〇〇万リラだった。これらは、オスマン海軍最盛期の偉大な提督たちの名にちなみ、「バルバロス・ハイレッディン」と「トゥルグート・レイス」と名づけられた。二隻は一九一〇年八月二十一日、民衆の熱狂的な出迎えを受けてイスタンブルに入港した。協会はさらに続けて、やはりドイツから今度は四隻の駆逐艦▲を購入する。その名も「国民の贈り物」「国民的援護」「愛国心の例」「祖国の力」であり、列強の政治的経済的圧迫に負けまいとするオスマン帝国民の気概がしのばれる。

　そしてついに、待望のドレッドノート級を購入する日がやってきた。しかも一度に二隻も。これらはいずれもイギリスのヴィッカース社製で、一隻ははじめからオスマン側が建造を依頼し、もう一隻はブラジル海軍がキャンセルした

▼ドレッドノート級　イギリス海軍が一九〇六年に建造した大型戦艦の名に由来し、これと同クラスのものを指す。

▼駆逐艦　魚雷を搭載し、敵の主力艦、巡洋艦を撃破するのを任務とする小型の快速艦。

トゥルグート・レイス艦

ことにより手にいれることになったものである。前者は二万三〇〇〇トンで価格は二三〇万リラ、後者は二万七五〇〇トンで二五〇万リラだった。戦列に加われば、時のスルタン「レシャト五世」▲と、初代スルタン「オスマン一世」の名が冠せられるはずであった。ところが、両艦が完成し、代金の支払いも完了し、今まさに引渡しがなされようというとき、第一次世界大戦が始まった。

一九一四年八月一日、ドイツはロシアに宣戦布告した。イギリス政府はただちに、オスマン海軍が発注した軍艦の接収を決定する。だまし討ちにあったとオスマン世論は激昂するが、はるかかなたのロンドンでの出来事では反英感情をあらわにする以外なすすべはなかった。ところがその直後の八月十一日、まさに奇遇というべきか、「ゲーベン」と「ブレスラウ」という二隻のドイツ軍艦がイギリス海軍の追尾を逃れ、ダーダネルス海峡のチャナッカレに逃げ込むという事件が起こった。オスマン政府は中立国の立場として、両艦を追放するか武装解除すべきであったが、そうはせずこれらを買い上げた。

この二隻のドイツ軍艦のうち、「ゲーベン」はマムルーク朝を倒しエジプトを征服したスルタン・セリム一世にちなみ「ヤヴス・スルタン・セリム」と、

▼**メフメト・レシャト**（メフメト五世、一八四四〜一九一八、在位一九〇九〜一八）　第三七代スルタン。三月三十一日事件で退位したアブデュルハミト二世にかわって即位。すでに高齢であったこともあり、青年トルコ人政権に反対することなく忠実に君主の役割をはたした。

「ブレスラウ」はバルバロス・ハイレッディン・パシャの生誕の地「ミディッリ」と命名された。一九一四年十月二十九日、オスマン艦隊はドイツ人提督の指揮のもと黒海に出撃、ロシアのセヴァストーポリ、オデッサ、キエフ、ノヴォロシスクといった港を砲撃した。ついにオスマン帝国も第一次世界大戦に参戦したのである。

二隻の軍艦は当初黒海でロシアを相手に戦ったが、一九一七年のロシア革命の勃発により、今度は地中海方面、すなわち対英仏戦線に投与されることとなった。一九一八年の初め、ミディッリは機雷にふれて沈没。ヤヴズ・スルタン・セリムは、ダーダネルス海峡を通過中に座礁して動けなくなったところをイギリス空軍の集中爆撃にあい、損傷を受けて母港にもどった。そしてそのまま二度と出撃することなく敗戦をむかえ、連合国によって武装解除された。かつて地中海に君臨したオスマン艦隊の最後の精鋭艦は、こうしてその主とともに歴史の舞台から消えていったのである。

近代オスマン海軍がたどった運命は、まさにオスマン帝国の近代史を象徴するかのようであった。かつて柔軟な人材登用と時代の先端をいく技術、戦略に

ミディッリ艦

よって地中海世界に君臨したオスマン海軍は、まさに「地中海の海軍」「地中海世界の覇者」であった。しかし、近代以降しだいに変質を始め、そのコスモポリタンな性格を失い、ムスリムを中心とした海軍に、さらに二十世紀にはいってからは、トルコ人主体の海軍へと変わっていった。その活動範囲も、領土の縮小とともにアナトリア周辺海域に移っていく。そして、トルコ共和国のもとで名実ともに「トルコ国民の海軍」として生まれ変わったのである。

参考文献

新井政美『トルコ近現代史』みすず書房　二〇〇一年

新井政美『オスマンvsヨーロッパ——〈トルコの脅威〉とは何だったのか』（講談社選書メチエ）講談社　二〇〇二年

池井優・坂本勉編『近代日本とトルコ世界』勁草書房　一九九九年

加藤博『イスラーム世界の危機と改革』（世界史リブレット37）山川出版社　一九九七年

木戸蓊『バルカン現代史』山川出版社　一九七七年

A・クロー（濱田正美訳）『スレイマン大帝とその時代』法政大学出版局　一九九二年

小松香織「オスマン海軍の19世紀」『イスラーム世界とアフリカ——18世紀末〜20世紀初』（岩波講座世界歴史21）岩波書店　一九九八年

小松香織『オスマン帝国の海運と海軍』山川出版社　二〇〇二年

佐原徹哉『近代バルカン都市社会史』刀水書房　二〇〇三年

鈴木董『オスマン帝国——イスラム世界の「柔らかい専制」』（講談社現代新書）講談社　一九九二年

鈴木董『イスラムの家からバベルの塔へ』リブロポート　一九九三年

鈴木董『オスマン帝国の解体——文化世界と国民国家』（ちくま新書）筑摩書房　二〇〇〇年

M・トゥンジョク『トルコと日本の近代化』サイマル出版会　一九九六年

永田雄三『中東現代史Ⅰ』（世界現代史11）山川出版社　一九八二年

永田雄三「暮らしのなかのオスマン帝国」『成熟のイスラーム社会』（世界の歴史15）中央公論社　一九九八年

永田雄三編『西アジア史II　イラン・トルコ』（新版世界各国史9）山川出版社　二〇〇二年

長場紘『近代トルコ見聞録』慶應義塾大学出版会　二〇〇〇年

M・パーマー（白須英子訳）『オスマン帝国衰亡史』中央公論社　一九九八年

林佳世子『オスマン帝国の時代』（世界史リブレット19）山川出版社　一九九七年

F・ブローデル（浜名優美訳）『地中海』I～V　藤原書店　一九九一～九五年

山内昌之『民族と国家――イスラム史の視角から』（岩波新書）岩波書店　一九九三年

山内昌之『近代イスラームの挑戦』（世界の歴史20）中央公論社　一九九六年

Gencer, A.İ., *Türk Denizcilik Tarihi Araştırmaları,* İstanbul, 1986.

Inalcik, H. and D. Quataert(ed.), *An Economic and Social History of the Ottoman Empire, 1300-1914,* New York, 1994.

Langensiepen, B., A. Güleryüz and J. Cooper, *The Ottoman Steam Navy 1828-1923,* London, 1995.

図版出典一覧

Camcı, Bayram, Cezmi Zafer and Şükrü Yaman(ed.), *Türk Deniz Ticareti ve Türkiye Denizcilik İşletmeleri Tarihçesi I*, Istanbul: Türkiye Denizcilik İşletmeleri, 1994. *30*

Langensiepen, Bernd and Ahmet Güleryüz, *The Ottoman Steam Navy, 1828–1923,* London: Conway Maritime Press, 1995. *85, 87*

Mahmud Celâleddin Paşa, İsmet Miroğlu(ed.), *Mir'ât-ı Hakîkat: Târihî Hakîkatların Aynası,* Istanbul: Berekât Yayınevi, 1983. *24*

Müller-Wiener, Wolfgang, Erol Özbek(tr.), *Bizans'tan Osmanlı'ya İstanbul Limanı,* Istanbul: Tarih Vakfı Yurt Yayınları, 1998. *66*

Osman Nuri, *Abdülhamid-i Sani ve Devr-i Saltanatı Cilt 2,* Istanbul: Kitâbhâne-i İslām ve Askerî, 1909. *62, 64, 75, 79*

Sakaoğlu, Necdet and Nuri Akbayar, *Reflections from Ottoman world,* Istanbul: Deniz Bank, 2000. *6, 17,* 扉

Tengüz, Hüsnü, İskender Pala(ed.), *Osmanlı Bahriyesinin Mazisi,* Istanbul: T. C. Deniz Kuvvetleri Komtanlığı, 1995. *16, 20, 33, 34, 35, 67, 70*

Türk-Nippon Dostluğunun sonrasız hâtırası, *Ertuğrul,* Türkiye Cumhuriyeti Tokyo Büyük Elçiliği, Tokyo, 1937. *54, 55, 57*上, *57*中

Yerasimos, Stefanos(ed.), Cüneyt Akalın(tr.), *İstanbul, 1914–1923,* İstanbul: Iletişim Yayınları, 1996. *11*

Topkapı Sarayı Müzesi, *Padişahın Portresi, Tesavir-i Âl-i Osman,* 2000. *18, 52*

Başbakanlık Osmanlı Arşivi, İrade, Dahiliye, 16662, lef. 20. *47*

著者提供 カバー表, カバー裏, *2, 5, 72, 73*

世界史リブレット79

オスマン帝国(ていこく)の近代(きんだい)と海軍(かいぐん)

2004年2月25日　1版1刷発行
2025年8月30日　1版5刷発行

著者：小松香織(こまつかおり)

発行者：野澤武史

装幀者：菊地信義

発行所：株式会社 山川出版社

〒101-0047　東京都千代田区内神田1-13-13
電話　03-3293-8131(営業)　8134(編集)
https://www.yamakawa.co.jp/

印刷所：信毎書籍印刷株式会社

製本所：株式会社 ブロケード

ISBN978-4-634-34790-8

世界史リブレット　第Ⅰ期［全56巻］

〈すべて既刊〉

世界史リブレット　第Ⅱ期［全36巻］

〈すべて既刊〉